北京市特种作业人员安全技术培训教材

低压电工作业
安全理论知识

北京市安全生产技术服务中心 编

团结出版社

图书在版编目（CIP）数据

低压电工作业安全理论知识/北京市安全生产技术
服务中心编 . –– 北京：团结出版社，2015.4
北京市特种作业人员安全技术培训教材
ISBN 978-7-5126-2556-3

Ⅰ . ①低… Ⅱ . ①北… Ⅲ . ①低电压—电工—安全培
训—教材 Ⅳ . ① TM08

中国版本图书馆 CIP 数据核字（2015）第 079403 号

出　　　版：团结出版社
　　　　　　（北京市东城区东皇城根南街 84 号 邮编：100006）
电　　　话：（010）65228880 65244790（出版社）
发行电话：（010）87952246 87952248
网　　　址：www.tjpress.com
E - m a i l：65244790@163.com
经　　　销：全国新华书店
印　　　刷：北京嘉实印刷有限公司

开　　本：787×1092　　1/16
字　　数：305 千字
版　　次：2015 年 5 月第 1 版
印　　次：2015 年 5 月第 1 次印刷

书　　号：978-7-5126-2556-3
定　　价：26.00 元

北京市安全生产培训教材编委会

主　　编：张树森

执行主编：贾太保

副 主 编：陈　清　　阎　军　　续　栋　　唐明明

　　　　　李东洲　　谢清顺　　钱　山　　高士虎

委　　员：（以姓氏笔画为序）

丁大鹏　　马存金　　王中堂　　王树琦

田志斌　　孙　雷　　刘　丽　　吴　强

季学伟　　张志永　　张震国　　李　刚

李玉祥　　李振龙　　何多云　　杨庆三

孟庆武　　段辉建　　高云飞　　贾兴华

贾克成　　贾秋霞　　曹柏成　　路　韬

靳玉光　　潘洪季　　魏丽萍

本书编写人员：（以姓氏笔画为序）

于永珊　　文　华　　申永文　　邢秋田

刘伟宏　　吴寿生　　李莉莉　　金大征

赵　鑫　　赵守超　　钮英建　　贾娜莉

郭宇飞　　薛映宾

前言

PREFACE

为贯彻落实《特种作业人员安全培训考核管理规定》(国家安全生产监督管理总局令第30号),进一步做好特种作业人员安全技术培训与考核工作,根据国家安监总局《特种作业人员安全技术培训大纲和考核标准(试行)》有关要求,我们组织专家对北京市《低压电工作业安全理论知识》进行了全面修订。

修订后的新版低压电工培训教材内容全面、图文并茂,突出了岗位专业知识,注重安全操作技能,补充了相关安全生产法律法规和本市安全生产具体要求,具有较强的针对性和实用性,是低压电工作业人员培训考试的必备教材,也可以作为低压电工自学的工具书。

本教材主要内容包括:安全生产法律法规及标准规范、电工基础知识、电击及现场救护、低压配电系统间接接触电击防护、防电击技术、电气防火与防爆、防雷和防静电、常用电工仪表及测量、电工安全用具与安全标志、常用电工工具、手持电动工具及移动式电气设备、低压电器及其成套配电装置、异步电动机、电力电容器、照明装置、电气线路、临时用电等专业知识,并配有常见安全隐患排查。

在编写和出版过程中,得到了中安华邦(北京)安全生产技术研究院、首都经济贸易大学、本市部分培训机构和实操考评员的大力支持,在此表示感谢。本教材可能会出现一些错误和不足之处,敬请读者提出宝贵意见。

编者

2015 年 3 月

目录
CONTENT

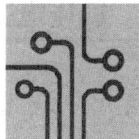

第三章 电击及现场救护

第四章 低压配电系统间接接触电击防护

第五章 防电击技术

第六章 电气防火与防爆

第七章　防雷和防静电

第八章　常用电工仪表及测量

第九章 电工安全用具与安全标志

第十章 常用电工工具、手持电动工具及移动式电气设备

第十一章 低压电器及其成套配电装置

第十二章 异步电动机

第十三章 电力电容器

第十四章 照明装置

第十五章 电气线路

第十六章 临时用电

第十七章 常见安全隐患

第一章
安全生产管理

改革开放之后，国家确立了"安全第一，预防为主，综合治理"的安全生产方针，先后制定了一系列法律、法规和规章，不断地规范和强化安全生产管理工作。

第一节　我国安全生产法律法规及标准规范

一、《安全生产法》

2002 年 6 月 29 日，第九届全国人民代表大会常务委员会第二十八次会议通过《安全生产法》，该法自 2002 年 11 月 1 日起施行。2014 年 8 月 31 日第十二届全国人民代表大会常务委员会第十次会议通过《全国人民代表大会常务委员会关于修改〈中华人民共和国安全生产法〉的决定》，自 2014 年 12 月 1 日起施行。《安全生产法》是我国第一部规范安全生产的综合性法律。制定《安全生产法》的目的是为了加强安全生产工作，防止和减少生产安全事故，保障人民群众生命和财产安全，促进经济社会持续健康发展。

修订后的《安全生产法》共 7 章 114 条，包括总则、生产经营单位的安全生产保障、从业人员的安全生产权利义务、安全生产的监督管理、生产安全事故的应急救援与调查处理、法律责任以及附则。

其中，与从业人员相关的规定如下：

（1）安全生产工作应当以人为本，坚持安全发展，坚持安全第一、预防为主、综合治理的方针，强化和落实生产经营单位的主体责任，建立生产经营单位负责、职工参与、政府监管、行业自律和社会监督的机制。

（2）生产经营单位的从业人员有依法获得安全生产保障的权利，并应当依法履行安全生产方面的义务。

（3）生产经营单位应当对从业人员进行安全生产教育和培训，保证从业人员具备必要的安全生产知识，熟悉有关的安全生产规章制度和安全操作规程，掌握本岗位的安全操作技能，了解事故应急处理措施，知悉自身在安全生产方面的权利和义务。未经安全生产教育和培训合格的从业人员，不得上岗作业。

生产经营单位使用被派遣劳动者的，应当将被派遣劳动者纳入本单位从业人员统一管理，对被派遣劳动者进行岗位安全操作规程和安全操作技能的教育和培训。劳务派遣单位应当对被派遣劳动者进行必要的安全生产教育和培训。

生产经营单位接收中等职业学校、高等学校学生实习的，应当对实习学生进行相应的安全生产教育和培训，提供必要的劳动防护用品。学校应当协助生产经营单位对实习学生进行安全生产教育和培训。

生产经营单位应当建立安全生产教育和培训档案，如实记录安全生产教育和培训的时间、内容、参加人员以及考核结果等情况。

（4）生产经营单位的特种作业人员必须按照国家有关规定经专门的安全作业培训，取得相应资格，方可上岗作业。

特种作业人员的范围由国务院安全生产监督管理部门会同国务院有关部门确定。

（5）生产经营单位必须依法参加工伤保险，为从业人员缴纳保险费。

国家鼓励生产经营单位投保安全生产责任保险。

（6）生产经营单位与从业人员订立的劳动合同，应当载明有关保障从业人员劳动安全、防止职业危害的事项，以及依法为从业人员办理工伤保险的事项。

生产经营单位不得以任何形式与从业人员订立协议，免除或者减轻其对从业人员因生产安全事故伤亡依法应承担的责任。

（7）生产经营单位的从业人员有权了解其作业场所和工作岗位存在的危险因素、防范措施及事故应急措施，有权对本单位的安全生产工作提出建议。

（8）从业人员有权对本单位安全生产工作中存在的问题提出批评、检举、控告；有权拒绝违章指挥和强令冒险作业。

生产经营单位不得因从业人员对本单位安全生产工作提出批评、检举、控告或者拒绝违章指挥、强令冒险作业而降低其工资、福利等待遇或者解除与其订立的劳动合同。

（9）从业人员发现直接危及人身安全的紧急情况时，有权停止作业或者在采取可能的应急措施后撤离作业场所。

生产经营单位不得因从业人员在前款紧急情况下停止作业或者采取紧急撤离措施而降低其工资、福利等待遇或者解除与其订立的劳动合同。

（10）因生产安全事故受到损害的从业人员，除依法享有工伤保险外，依照有关民事法律尚有获得赔偿的权利的，有权向本单位提出赔偿要求。

（11）从业人员在作业过程中，应当严格遵守本单位的安全生产规章制度和操作规程，服从管理，正确佩戴和使用劳动防护用品。

（12）从业人员应当接受安全生产教育和培训，掌握本职工作所需的安全生产知识，提高安全生产技能，增强事故预防和应急处理能力。

（13）从业人员发现事故隐患或者其他不安全因素，应当立即向现场安全生产管理人员或者本单位负责人报告；接到报告的人员应当及时予以处理。

（14）生产经营单位使用被派遣劳动者的，被派遣劳动者享有本法规定的从业人员的权利，并应当履行本法规定的从业人员的义务。

（15）生产经营单位必须为从业人员提供符合国家标准或者行业标准的劳动防护用品，并监督、教育从业人员按照使用规则佩戴、使用。

二、《北京市安全生产条例》

《北京市安全生产条例》在 2004 年 7 月 29 日通过，于 2011 年 5 月 27 日北京市第十三届人民代表大会常务委员会第二十五次会议修订，共七章 98 条，分别为总则、生产经营单位的安全生产保障、从业人员的权利和义务、安全生产的监督管理、生产安全事故的应急救援和调查处理、法律责任、附则。

其中，关于特种作业人员的规定如下：

（1）从业人员经安全生产教育和培训合格。特种作业人员按照国家和本市的有关规定，经专门的安全作业培训并考核合格，取得特种作业操作资格证书。

（2）从事特种作业的，经过专门培训并取得特种作业资格。

三、《特种作业人员安全技术培训考核管理规定》（安监总局令第 30 号）

2010 年 5 月 24 日，国家安全生产监督管理总局以总局令第 30 号的形式发布了《特种作业人员安全技术培训考核管理规定》，该规定自 2010 年 7 月 1 日起施行。

该规定明确将高压电工作业、低压电工作业、防爆电气作业等列为特种作业，电工作业人员的安全技术培训、考核、发证、复审等工作纳入特种作业人员管理范畴。

电工作业人员应当了解和掌握的相关规定如下：

（1）特种作业人员必须经专门的安全技术培训并考核合格，取得《中华人民共和国特种作业操作证》（以下简称特种作业操作证）后，方可上岗作业。

（2）特种作业人员应当接受与其所从事的特种作业相应的安全技术理论培训和实际操作培训。

（3）国家对特种作业人员的安全技术培训、考核、发证、复审工作实行统一监管、分级实施、教考分离的原则。

（4）特种作业操作证有效期为 6 年，在全国范围内有效。特种作业操作证每 3 年复审 1 次。

（5）特种作业操作证申请复审或者延期复审前，特种作业人员应当参加必要的安全培训并考试合格。

四、低压电工作业相关标准规范

由我国各主管部、委（局）批准发布，在该部门范围内统一使用的标准，称为行业标准，低压电工作业相关标准规范常见的如表 1-1。

表 1-1 低压电工作业相关标准规范

GB/T 13869—2008	用电安全导则
GB/T 4776—2008	电气安全术语
GB 14050—2008	系统接地的型式及安全技术要求

GB 13955—2005	剩余电流动作保护装置安装和运行
GB 50150—2006	电气装置安装工程 电气设备交接试验标准
GB 2894—2008	安全标志及其使用导则
AQ 3009—2007	危险场所电气防爆安全规范
DL 408—1991（2005）	电业安全工作规程（发电厂和变电所电气部分）
DL 409—1991（2005）	电业安全工作规程（电力线路部分）
JGJ 46—2005	施工现场临时用电安全技术规范

第二节　电工作业人员的权利、义务和安全口诀

我国安全生产法律法规对从业人员安全生产方面的权利和义务有明确的规定，从业人员通过履行自己的权利和义务，可以合法地维护自己的人身安全，维持安全生产秩序，有效防止各类生产安全事故的发生。

一、从业人员安全生产的权利

（1）获得劳动保护的权利。从业人员有要求用人单位保障从业人员的劳动安全、防止职业危害的权利。从业人员与用人单位建立劳动关系时，应当要求订立劳动合同，劳动合同应当载明为从业人员提供符合国家法律法规、标准规定的劳动安全卫生条件和必要的劳动防护用品；工作场所存在的职业危害因素以及有效的防护措施；对从事有毒有害作业的从业人员定期进行健康检查；依法为从业人员办理工伤保险等。

（2）知情权。从业人员有权了解作业场所和工作岗位存在的危险因素、危害后果，以及针对危险因素应采取的防范措施和事故应急措施，用人单位必须向从业人员如实告知，不得隐瞒和欺骗。如果用人单位没有如实告知，从业人员有权拒绝工作，用人单位不得因此做出对从业人员不利的处分。

（3）民主管理、民主监督的权利。从业人员有权参加本单位安全生产工作的民主管理和民主监督，对本单位的安全生产工作提出意见和建议，用人单位应重视和尊重从业人员的意见和建议，并及时做出答复。

（4）参加安全生产教育培训的权利。从业人员享有参加安全生产教育培训的权利。用人单位应依法对从业人员进行安全生产法律法规、规程及相关标准的教育培训，使从业人员掌握从事岗位工作所必须具备的安全生产知识和技能。用人单位没有依法对从业人员进行安全生产教育培训的，从业人员可拒绝上岗作业。

（5）获得职业健康防治的权利。对于从事接触职业危害因素，可能导致职业病的

作业的从业人员，有权获得职业健康检查并了解检查结果。被诊断为患有职业病的从业人员有依法享受职业病待遇，接受治疗、康复和定期检查的权利。

（6）合法拒绝权。违章指挥是指用人单位的有关管理人员违反安全生产的法律法规和有关安全规程、规章制度的规定，指挥从业人员进行作业的行为；强令冒险作业是指用人单位的有关管理人员，明知开始或继续作业可能会有重大危险，仍然强迫从业人员进行作业的行为。违章指挥、强令冒险作业违背了安全生产方针，侵犯了从业人员的合法权益，从业人员有权拒绝。用人单位不得因从业人员拒绝违章指挥和强令冒险作业而打击报复，降低其工资、福利等待遇或解除与其订立的劳动合同。

（7）紧急避险权。从业人员发现直接危及人身安全的紧急情况时，有权停止作业，或者在采取可能的应急措施后，撤离作业场所。用人单位不得因从业人员在紧急情况下停止作业或者采取紧急撤离措施而降低其工资、福利待遇或者解除与其订立的劳动合同。但从业人员在行使这一权利时要慎重，要尽可能正确判断险情危及人身安全的程度。

（8）工伤保险和民事索赔权。用人单位应当依法为从业人员办理工伤保险，为从业人员缴纳工伤保险费。从业人员因安全生产事故受到伤害，除依法应当享受工伤保险外，还有权向用人单位要求民事赔偿。工伤保险和民事赔偿不能互相取代。

（9）提请劳动争议处理的权利。当从业人员的劳动保护权益受到伤害，或者与用人单位因劳动保护问题发生纠纷时，有向有关部门提请劳动争议处理的权利。

（10）批评、检举和控告权。从业人员有权对本单位安全生产工作中存在的问题提出批评，有权将违反安全生产法律法规的行为，向主管部门和司法机关进行检举和控告。检举可以署名，也可以不署名；可以用书面形式，也可以用口头形式。但是，从业人员在行使这一权利时，应注意检举和控告的情况必须真实，要实事求是。用人单位不得因从业人员行使上述权利而对其进行打击、报复，包括不得因此而降低其工资、福利待遇或者解除与其订立的劳动合同。

二、从业人员安全生产的义务

（1）遵守安全生产规章制度和操作规程的义务。从业人员不仅要严格遵守安全生产有关法律法规，还应当遵守用人单位的安全生产规章制度和操作规程，这是从业人员在安全生产方面的一项法定义务。从业人员必须增强法纪观念，自觉遵章守纪，从维护国家利益、集体利益以及自身利益出发，把遵章守纪、按章操作落实到具体的工作中。

（2）服从管理的义务。用人单位的安全生产管理人员一般具有较多的安全生产知识和较丰富的经验，从业人员服从管理，可以保持生产经营活动的良好秩序，有效地避免、减少生产安全事故的发生，因此，从业人员应当服从管理，这也是从业人员在安全生产方面的一项法定义务。

（3）正确佩戴和使用劳动防护用品的义务。劳动防护用品是保护从业人员在劳动过程中安全与健康的一种防御性装备，不同的劳动防护用品有其特定的佩戴和使用规则、方法，只有正确佩戴和使用，方能真正起到防护作用。用人单位在为从业人员提供符合国家或行业标准的劳动防护用品后，从业人员有义务正确佩戴和使用劳动防护用品。

（4）发现事故隐患及时报告的义务。从业人员发现事故隐患和不安全因素后，应及时向现场安全生产管理人员或本单位负责人报告，接到报告的人员应当及时予以处理。一般来说，从业人员报告得越早，接受报告的人员处理得越早，事故隐患和其他职业危险因素可能造成的危害就越小。

（5）接受安全生产培训教育的义务。从业人员应依法接受安全生产的教育和培训，掌握所从事岗位工作所需的安全生产知识，提高安全生产技能，增强事故预防和应急处理能力。特殊性工种作业人员和有关法律法规规定须持证上岗的作业人员，必须经培训考核合格后，依法取得相应的资格证书或合格证书，方可上岗作业。

三、电工作业人员的安全职责

（1）严格执行各项安全标准、法规、制度和规程。具体包括各种电气标准、电气安装规范和验收规范、电气运行管理规程、电气安全操作规程及其他有关规定。

（2）遵守劳动纪律，忠于职责，做好本职工作，认真执行电工岗位安全责任制。

（3）正确使用各种工具和劳动保护用品，安全地完成各项生产任务。

（4）努力学习安全规程、电气专业技术和电气安全技术；参加各项有关安全活动；宣传电气安全；参加安全检查，并提出意见和建议等。

专业电工应树立良好的职业道德。除前面提到的忠于职责、遵守纪律、努力学习外，还应注意互相配合，共同完成生产任务。应特别注意杜绝以电谋私、制造电气故障等违法行为。

四、电工安全口诀

持证上岗是前提，岗位责任要熟记；
执行规程必严格，防护用品穿整齐；
设备巡检要安全，值班运行记录全；
绝缘用具定期检，规范使用和保管；
警示标牌正确用，设备场所勤保洁；
图示说明要清晰，配电去向标正确；
线路设备配开关，电流匹配是关键；
电路敷设依标准，设备接地要保证；
用电不得超负荷，临时用电严监管；
应急预案定期演，关键时刻降风险。

为准确理解和把握电工安全口诀内容，现做出以下说明：

1. 持证上岗是前提，岗位责任要熟记

电工作业人员应持证上岗，每3年进行复审，参加继续教育培训，同时要熟练掌握并自觉落实本岗位工作职责。

2. 执行规程必严格，防护用品穿整齐

电工作业人员要严格落实各项管理制度及电气操作规程，工作期间要正确穿戴和使用劳动防护用品，避免和减轻各种意外伤害。

3. 设备巡检要安全，值班运行记录全

电工作业人员对配电设备设施应定期进行全面巡视检查，认真做好各项运行管理记录，包括设备巡视检查记录、设备检修记录、工具检测记录、运行分析记录、值班记录等。

4. 绝缘用具定期检，规范使用和保管

按照《变配电室安全管理规范》（DB 11/527—2008）的规定，作业场所应配备高、低压电工安全用具并定期检测，要按要求正确使用、规范设置，确保安全用具在规定的使用期内绝缘可靠。

5. 警示标牌正确用，设备场所勤保洁

要按规定配备齐全警示标牌并做到正确使用，从而防止危险作业行为的发生。定期对变配电室、配电箱柜及电气设备设施进行维护保养、清扫除尘，保持电气设备设施场所环境整洁，不得存放与电气设备运行无关的物品。

6. 图示说明要清晰，配电去向标正确

变配电室的各种图表要悬挂整齐，图示说明清晰正确，警示标志醒目，配电柜（箱）内应有线路图，并设有明确的路名标识。

7. 线路设备配开关，电流匹配是关键

电气线路及用电设备应按标准做到开关与用电设备、开关与线路一一对应配置，开关容量要和导线允许载流量及设备容量相匹配，使开关真正起到电路保护作用。

8. 电路敷设依标准，设备接地要保证

按标准敷设电气线路，做好固定线路、穿管保护等，设备要按照规范要求做好保护线的安装与维护。

9. 用电不得超负荷，临时用电严监管

严禁超负荷用电和私接乱拉电源线，需临时用电时，要经企业相关部门审批，并采取严格的管理措施和安全技术措施，防止人身和火灾事故的发生。

10. 应急预案定期演，关键时刻降风险

要结合企业实际制定火灾、触电、停电等各类事故预案，使电工及相关人员熟练掌握，并定期组织演练，提高应急处置能力，在发生事故时，可减少次生灾害，降低事故损失。

第三节　电气安全工作制度

不同工种应建立各种安全操作规程，如变电室值班安全操作规程，内外线维护检修安全操作规程、电气设备维修安全操作规程、电气实验安全操作规程、非专职电工人员手持电动工具安全操作规程、电焊安全操作规程、电炉安全操作规程等。

一、低压回路停电工作的安全措施

（1）将施工设备各方面的电源断开，取下熔断器的熔丝或熔丝具。
（2）在断开的断路设备或隔离开关的操作手把上悬挂"禁止合闸，有人工作"的标示牌。
（3）工作前必须验电。
（4）更换熔丝后，恢复送电操作时，应戴手套和有色防护眼镜。
（5）根据需要采取其他安全措施。

二、低压带电工作安全措施

（1）低压带电作业人员必须经过专门培训，并经考试合格。
（2）低压带电作业应设专人监护。监护人应由有实际经验的熟练工人担任。
（3）进行低压带电作业应使用带绝缘柄的工具。工作时应站在干燥的绝缘物上，穿低压绝缘鞋，戴绝缘手套和安全帽及防护用具，如需要登高作业应使用由绝缘材料制作的梯子等登高工具。工作时必须穿长袖工作服，工作中应有良好的照明条件，进行低压带电作业时应随身携带试电笔。
（4）高低压同杆架设，在低压带电线路上工作时，应先检查其与高压线的距离，并采取措施防止误碰高压带电设备。在低压带电导线未采取绝缘措施前，工作人员不得穿越导线。应设专人监护，并采取防止导线产生跳动而与带电导线接近至危险范围以内的措施，在带电的低压配电装置上工作时，应采取防止相间短路和单相接地的隔离措施。
（5）低压带电进行断接导线作业时，上杆前应分清相线、中性线、路灯线，并选好工作位置。断开导线时，应先断开相线，后断中性线，并应先做好相位记录。搭接导线时，顺序相反。此外，一根杆上只允许一人断接导线，并设专人监护。
（6）修换灯口、闸盒和电门时，应采取防止短路、接地及防止人身触电的措施。
（7）带电拆、搭弓子线时，应在专人监护下进行，并应戴防护目镜，并使用绝缘工具，尽量避开阳光直射。
（8）在雷电、雨、雪、大雾及五级以上大风等气候条件下，一般不应进行室外带电作业。

第二章
电工基础知识

第一节 直流电路

一、电路

1. 电路组成

由电源、负载、开关经导线连接而形成的闭合回路，称为电路。图 2-1 为一简单电路示意图。

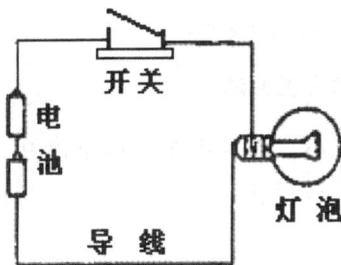

图 2-1 简单电路   图 2-2 电路图

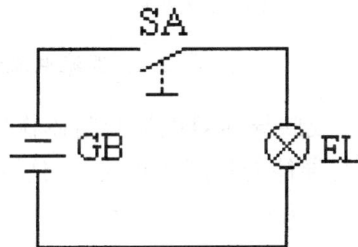

电源是提供电能的装置，如各种电池、发电机等。

负载是消耗电能的设备，如电灯、电炉、电动机等。

导线和开关是电源和负载之间连接和控制必不可缺少的元件。

将图 2-1 中的开关断开时，灯泡不亮，表明电流没有流过灯泡。开关闭合时，电路电流经过灯泡发光，负载可正常工作，这种状态叫通路。

当电源开关断开或电路某处断开，电流消失，负载停止工作的状态叫断路或开路。

当电源引出线不经负载而直接相连，电路中就会有很大的电流通过，引起导线发热、损坏绝缘、烧毁电源，甚至引起火灾，导致事故，这种状态称为短路。

在实际应用中用图形符号表示电路连接情况的图，叫电路图，图 2-1 可以画成图 2-2 形式。

2. 电路名词

（1）电流。导体中的自由电子在电场力的作用下做有规则的定向运动就形成了电流。电路中能量的传输和转换是靠电流来实现的。

电流用字母 I 表示，电流的基本单位是安培，简称"安"，用字母 A 表示。电流的单位也可以用千安（kA）、毫安（mA）、微安（μA）表示，它们之间的换算关系是：

$$1\ kA=1000\ A \quad 1\ A=1000\ mA \quad 1\ mA=1000\ mA$$

电流的方向习惯上规定为正电荷运动的方向，即在外电路从正极流向负极，而实际上导体中的电流一般是由带负电的电子的运动，即在外电路从负极流向正极。但规定为正电荷运动的方向不影响对电流的分析和测量。因此，现在仍把电流从正极流向负极作为电流的方向。

电流的种类较多，大小和方向都不随时间而变化的电流称为恒定直流电流。如图 2-3a 所示。工业上和生活中普遍应用的交流电流，是按正弦函数规律变化的，称为正弦交流电流，如图 2-3b 所示。

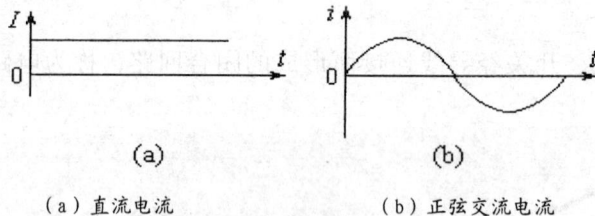

（a）直流电流　　　　　　（b）正弦交流电流

图 2-3　直流电流和正弦交流电流

（2）电阻。反映导体对电流起阻碍作用的大小，简称电阻，用字母 R 表示。金属导体的电阻与导体的长度成正比，与横截面积成反比。此外，电阻还与材料的导电性能有关，表示为：

$$R = r\frac{L}{S}$$

式中　R——导体电阻，W；

　　　　S——导体截面，mm²；

　　　　L——导体长度，m；

　　　　r——电阻率，Ω·mm²/m。

电阻率（ρ）是反映材料导电性能的系数，不同金属材料电阻率的大小可查电阻率表。电阻率的倒数 1/ρ 称之为电导。导体的电阻与温度有关，一般温度越高呈现的电阻值越大，温度越低呈现的电阻值越小。

电阻的基本单位是欧姆，简称欧（Ω）。另外，还有千欧（kΩ）、兆欧（MΩ）。它们之间的换算关系是：1kΩ=10³Ω　　　1MΩ=10⁶Ω

（3）电位。该点电位是指电路中某一点和参考点之间的电位差。电路中的不同位置，它的电位是不同的。通常在电力系统中以大地作为参考点，其电位定为零电位。

电位的单位是伏特，用字母 V 表示。

（4）电压。电压是指电路中任意两点之间电位差。电压的方向由高电位指向低电位。电流就会从高电位流向低电位，电位差越大即电压越高，当负载一定时产生的电流也就越大。

电压用字母 U 或 u 表示。电压的基本单位是伏特，简称伏，用字母 V 表示。电压的大小还可以用 kV（千伏）、mV（毫伏）表示，它们之间关系是：

$$1\ kV=1000\ V \qquad 1\ V=1000\ mV$$

（5）电动势。由其他形式的能量转换为电能所引起的电源正、负极之间存在的电位差，叫做电动势。其方向是由低电位指向高电位。它是用来衡量电源本身建立做功本领的一个物理量。通常用字母 E 或 e 表示，单位也是伏特，用字母 V 表示。

（6）电容器。存储电荷的容器，称为电容器。它是由两片金属导体中间由绝缘物质隔开而构成的。其中，两片金属导体称为极板，中间绝缘物质称为介质，它的图形符号和文字符号如图 2-4 所示。

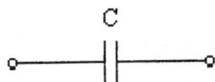

图 2-4 电容器图形和文字符号

为了衡量电容器储存电荷的能力，用电容量来表示，简称电容，其单位是法拉，用字母 F 表示。在实际应用中 F 这个单位太大，一般用微法 μF 或皮法 pF 做单位。他们之间的关系为：

$$1\ F = 10^{6}\ \mu F \qquad 1\ F = 10^{12}\ pF$$

二、欧姆定律

欧姆定律包括部分电路的欧姆定律和全电路的欧姆定律。部分电路的欧姆定律是最基本、最常用的电路定律。本书仅介绍部分电路的欧姆定律。

部分电路的欧姆定律是用来说明电压、电流、电阻三者之间关系的定律。在某一段电路中，在一定的温度下电阻值不变时，流过该段电路的电流与这段电路两端的电压成正比，与这段电路上的电阻成反比，如图 2-5 所示。其数学表达式可列为：

$$I = \frac{U}{R}$$

式中　I——流过电路的电流，A；
　　　 U——电阻两端电压，V；
　　　 R——电路中的电阻，Ω。

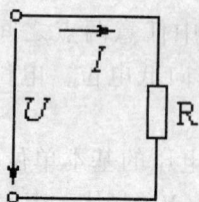

图2-5 部分电路欧姆定律

三、电路的连接

电路最基本的、应用最广的连接方式是串联和并联。

1. 电阻的串联

几个电阻按依次串接相连，中间没有分支，流过同一个电流的连接方式称为电阻的串联，如图2-6所示。

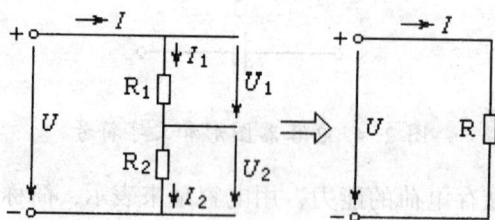

图2-6 电阻串联电路

串联电路的基本特点：

（1）串联电路中的电流处处相等。

（2）串联电路两端的总电压等于各电阻上电压之和。

（3）电阻串联后的总电阻（等效电阻）等于各个电阻阻值之和。

（4）各电阻上的电压分配与其电阻值成正比，即在串联电路中，电阻值大的分配到的电压高，电阻值小的分配到的电压低。

2. 电阻的并联

将两个或两个以上的电阻，相应的两端连接在一起，使每个电阻承受同一个电压的连接方式称为电阻的并联，如图2-7所示。

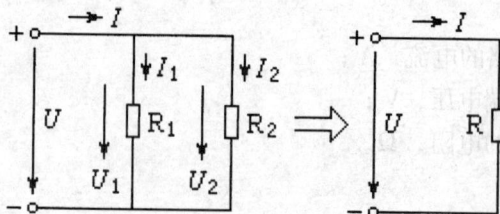

图2-7 电阻的并联

电阻并联电路的基本特点：

（1）电路中，每个电阻两端电压都相等。

（2）电路中，总电流等于流过各电阻上电流之和。

（3）电阻并联后的总电阻 R（等效电阻）的倒数等于各分电阻倒数之和。

（4）两个电阻并联的电路中各电阻上的电流是由总电流按电阻值的大小成反比的关系分配的，即电阻值大的分配到的电流小，电阻值小的分配到的电流大。

综上所述，两个及以上电阻并联后的总电阻值比其中任何一个电阻值都小；如果两个阻值相等的电阻并联，其总阻值等于其中一个电阻值的 1/2；若两个阻值相差很悬殊的电阻并联，其总阻值接近于那个小的电阻阻值。

应当指出，电容的串联与电阻的串联是不同的。与电阻串联相反，两个电容器串联后的总电容小于两个电容中的任何一个电容；而两个电容器并联后的总电容大于两个电容中的任何一个电容。

3. 电阻的混联

在一个电路中，既有电阻的串联，又有电阻的并联，这类电路称为混联电路。如图 2-8（a）中，R_1 与 R_2 的串联，然后它们和 R_3 并联，图 2-8（b）中 R_3 与 R_4 串联后又与 R_1、R_2 的串联组并联，二者都是混联电路。

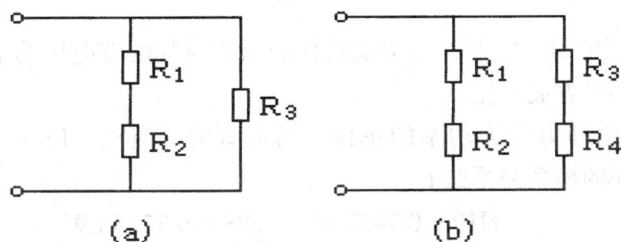

图 2-8 电阻的混联电路

四、电能、电功率和电流的热效应

1. 电能

在一段时间内，电流通过导体时，电源力所做的功，称为电能。用字母"A"表示，其单位是焦，用字母"J"表示。电能的大小跟通过用电器的电流大小及加在它们两端电压的高低和通电时间的长短成正比。用公式表示为：

$$A = UIt \quad 或 \quad A = I^2R$$

式中 A —— 电能，J；

I —— 电流，A；

U —— 电压，V；

t —— 时间，s。

1 焦耳 =1 瓦 ×1 秒。在实际应用中，这一级单位显得过小，难以适用，故常以

13

千瓦小时 kW·h 为单位。

1kW·h 俗称 1 度电，1kW·h=3.6×10⁶J。

2. 电功率

电气设备在单位时间内所做的功叫电功率，简称功率，用字母 P 表示。即：

$$P = \frac{A}{t}$$

电功率的单位为瓦（W），常用的单位还有兆瓦（MW）、千瓦（kW）、毫瓦（mW），它们的换算关系：1 W=1000 mW   1kW=1000 W   1 MW =1000 kW

在直流电路或纯电阻交流电路中，电功率等于电压与电流的乘积。电功率用字母 P 表示。

$$P = UI$$

当用电设备两端的电压为 1V，通过的电流为 1A，则用电设备的功率就是 1W。根据欧姆定律，电阻消耗的电功率还可以用下式表达：

$$P = UI = \frac{U^2}{R} = I^2R$$

上式表明：当电阻一定时，电阻上消耗的功率与其两端电压的平方成正比，或与通过电阻上电流的平方成正比。

工业上也有用马力作为功率的单位。马力有公制马力（PS）与英制马力（HP）之区别，它们之间的换算关系如下：

$$1HP = 0.7457\ kW \quad 1PS = 0.7355\ kW$$

3. 电流热效应

电流通过导体时，导体内消耗的电能转化为热能，从而使导体温度升高的现象称为电流的热效应。

电流通过导体所产生的热量与通过导体电流的平方、导体电阻以及通电时间成正比。

电流的热效应在生产和生活中应用很广。安装、维修和使用电气设备时，应首先考虑到其额定功率、额定电压及额定电流等参数，注意采取保护措施，如加装断路器、热继电器、继电保护装置等，以确保安全用电。

第二节　交流电路

一、正弦交流电的基本概念

1. 正弦交流电

方向和大小都随时间按正弦函数规律呈现周期性变化的电流、电压、电动势称为正弦交流电。通常应用的交流电是随时间按正弦规律变化的，如图 2-9 所示。

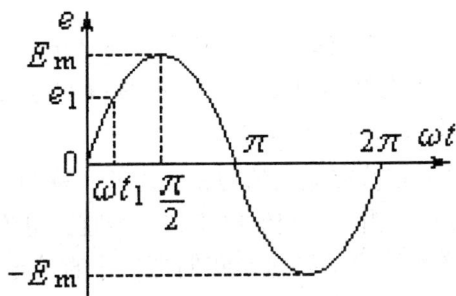

图 2-9 正弦交流电

2. 正弦交流电的基本物理量

正弦交流电的三要素是最大值、角频率、初相位。

（1）瞬时值。正弦交流电在变化过程中，任一瞬时 t 所对应的交流量的数值，称为交流电的瞬时值，用小写字母 e、i、u 等表示。

（2）最大值。正弦交流电变化一周中出现的最大瞬时值，称为最大值，也称为极大值、峰值、振幅值，用字母 E_m、U_m、I_m 表示，如图 2-10 中 E_m。

（3）周期。正弦交流电完成一个循环所需要的时间称为周期，用字母"T"表示，单位为 s。

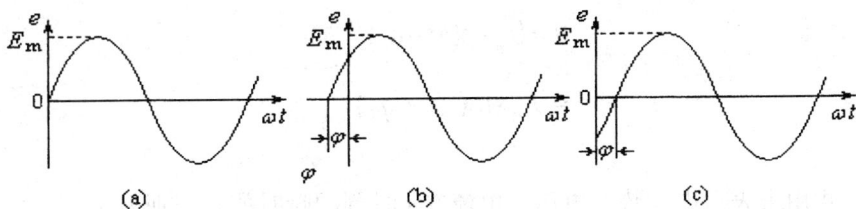

图 2-10 不同初相的正弦电动势

（a）$\varphi = 0$；（b）$\varphi = \pi/3$；（c）$\varphi = -\pi/3$

（4）频率。正弦交流电在单位时间（1s）内，重复变化的周期数，称为交流电的频率，用字母 f 表示，单位为周／秒或称为 Hz（赫兹）。50Hz 的交流电称为工频交流电。

频率和周期的关系为：

$$f = \frac{1}{T} \qquad\qquad T = \frac{1}{f}$$

（5）角频率。角频率是交流电频率的另一表达方式。角频率的符号用字母 ω 表示，单位是 rad/s（弧度／秒），与频率及周期的关系为：

$$\omega = 2\pi f$$

对于工频，频率 f=50Hz，周期 T=0.02s，角频率 $\omega = 2\pi f = 314$rad/s。

（6）初相位。交流电动势在开始时刻（t=0）所具有的电角度，称为初相位（或初相角），用字母 φ 表示，如图 2-10 所示的 φ。

（7）相位差。频率相同的正弦交流电的初相位之差，称为相位差。

（8）正弦交流电的有效值。当一个交流电流和一个直流电流分别通过阻值相同的电阻，经过相同的时间，产生样的热量。我们把这个直流电流值叫做这个交流电流的有效值，用大写字母 E、U、I 表示。

有效值与最大值的关系为：

$$U_m = \sqrt{2}\,U = 1.414U$$

$$U = \frac{1}{\sqrt{2}}U_m = 0.707U_m$$

3. 正弦交流电的表示方法

（1）三角函数法。用三角函数式来表达正弦交流电与时间变化关系的方法称为三角函数法，也称为解析法。交流电动势、电压、电流的三角函数式表达式分别如下：

$$e = E_m \sin(\omega t + \varphi_e)$$

$$u = U_m \sin(\omega t + \varphi_u)$$

$$i = I_m \sin(\omega t + \varphi_i)$$

以上三式用来表示电动势、电压、电流在 t 时刻的瞬时值，分别为 e、u、i。

（2）旋转矢量法。旋转矢量法是指在平面直角坐标系中绕原点作逆时针方向的旋转的矢量 E_m（或 E）表示正弦交流电的方法。如图 2-11 所示，用矢量的长度代表正弦交流电的最大值（或有效值），用旋转矢量与横轴正相的夹角代表正弦交流电的初相位。这样就能把正弦交流电的三要素形象地表示出来，而且可以大大简化正弦量的加减计算。但必须注意只有同频率的正弦交流电才能在同一个图上表示，才能采用旋转矢量法进行计算。

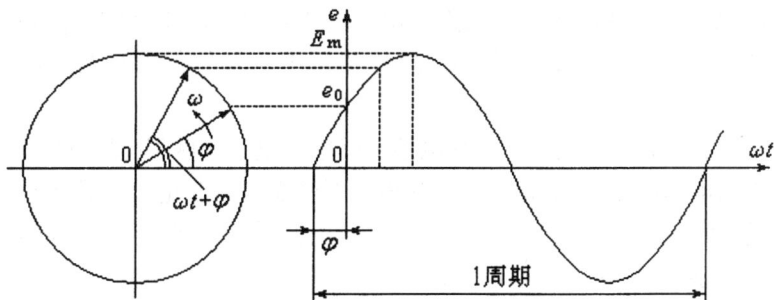

图 2-11 正弦交流电旋转矢量表示法

（3）波形图法。利用平面直角坐标系中的横坐标表示电角度 ωt、纵坐标表示正弦交流电的瞬时值，画出它的正弦曲线，这种方法称为波形图法。这种方法可以直观地表示正弦交流量的变化状态、相互关系，但是不便于数学运算。

二、单相交流电路

1.纯电阻电路

纯电阻电路是只含有电阻的交流电路，在实用中常常遇到，如白炽灯，电阻炉等。电路中电阻起决定性作用，电感电容的影响可忽略不计的电路可视为纯电阻电路。其特点如下：

（1）电流与电压的相位关系，在纯电阻电路中，电流与电压同相。

（2）电流、电压有效值的关系。在纯电阻电路中计算电流和电压时，常采用有效值。电压与电流仍然符合欧姆定律的关系。

（3）纯电阻电路的功率。在纯电阻电路中，由于电流、电压都是随时间变化的，所以功率也随时间变化。

一个周期内瞬时功率的平均值，叫平均功率。由于这个功率是由电阻所消耗掉的，所以也叫有功功率。可以证明，平均功率（有功功率）为：

$$P = U = I^2 R = \frac{U^2}{R}$$

式中　P——有功功率，W；

　　　U——电阻上交流电压，V；

　　　I——电阻上交流电流，A；

　　　R——电阻，Ω。

由上式可见，该表达式与直流电路计算功率的公式形式一样，只不过在交流电路中电压、电流均为有效值。

2. 纯电感电路

电路中电感起决定性作用，而电阻、电容的影响可忽略不计的电路可视为纯电感电路。空载变压器、电力线路中限制短路电流的电抗器等都可视为纯电感负载。各量之间的关系如下：

（1）电流与电压的相位关系。在纯电感电路中，电流滞后于电压90°。

（2）电流与电压的数量关系。由于电感线圈两端电压与电流相位不同，故不能简单地用欧姆定律来处理它们之间的数量关系。电感具有阻碍电流通过的性质称为感抗。自感感抗用字母 X_L 表示，单位也是欧，它与自感 L 的关系为：

$$X_L = 2\pi f L = \omega L$$

纯电感电路感抗、电流有效值、电压有效值之间的关系可表达为：

$$U_L = I_L X_L$$

由于感抗与频率成正比，所以电感线圈对高频电流所呈现的阻力很大，频率极高时，电路中几乎没有电流通过，而直流电没有频率变化，稳定时不产生自感电动势。因此在直流电路中电感线圈相当于短路，电流很大。在使用电抗器、接触器等有感线圈的设备时，应注意这一点。

（3）纯电感电路中的功率。在纯电感电路中，功率也是随时间变化的，但每个周期内的平均功率为零，即有功功率 $P=0$。因此，电感不消耗能量，只对电源能量起吞吐作用，即同电源进行能量的交换。通常用瞬时功率的最大值表示所交换功率的大小，并称为无功功率。该无功功率用 Q_L 表示，单位是 var（乏）或 kvar（千乏）。纯电感电路无功功率为：

$$Q_L = U_L I_L$$

无功功率绝对不是无用的功率，它是具有电感的设备建立磁场、储存磁能必不可少的工作条件。

3. 纯电容电路

由绝缘电阻很大、介质损耗很小的电容器组成的交流电路，可以近似认为是纯电容电路。电容器的应用十分广泛，在电力系统中常用来调整电压、改善功率因数等。纯电容电路见图 2-12a。各关系如下：

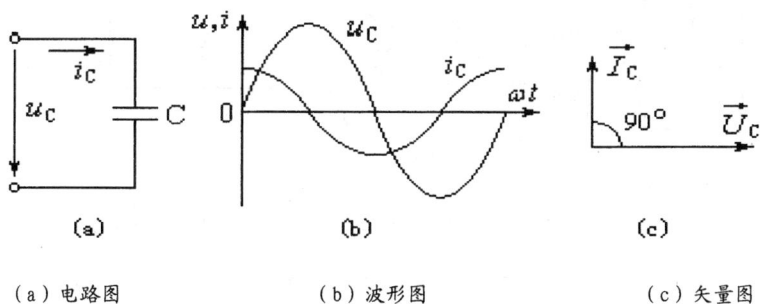

（a）电路图　　　　　　　　（b）波形图　　　　　　　　（c）矢量图

图 2-12　电容电路及其电压、电流的曲线图和矢量图

（1）电压和电流的相位关系。在电容电路中，电容上的电流超前于电容器两端电压 90°。

（2）电压和电流的数量关系。在纯电容电路中，电容具有阻碍电流通过的性质，叫容抗，用符号 X_c 表示，单位也是 Ω（欧姆）。其表达式为：

$$X_c = \frac{1}{2\pi fc} = \frac{1}{\omega c}$$

纯电容电路中，容抗、电流有效值与电压有效值的关系为：

$$U_C = I_C X_C$$

（3）纯电容电路上的功率。在纯电容电路中，功率也是随时间变化的，但每个周期内的平均功率为零，即有功功率 P=0。因此，电容也不消耗能量，只对电源能量起吞吐作用，即同电源进行能量的交换。通常也用瞬时功率的最大值表示所交换功率的大小，并称为无功功率。该无功功率用 Q_c 表示，单位也是 vat（乏）或 kvar（千乏）。纯电容电路无功功率为：

$$Q_C = U_C I_C$$

4.R-L 串联电路

电容特性可忽略不计，而电阻、电感特性起主导作用的串联电路，简称 R-L 串联电路。如日光灯、电动机、变压器等都可以看作为 R-L 电路，其电路如图 2-13a 所示。

R-L 串联电路中，流过电阻和流过电感的电流为同一电流，但电阻两端电压与电流同相、电感两端电压超前于电流 90°，在交流电路中，两个相位不同的电压之和，不是有效值的代数和，应是矢量和。由电压三角形如图 2-13b 所示，可知：

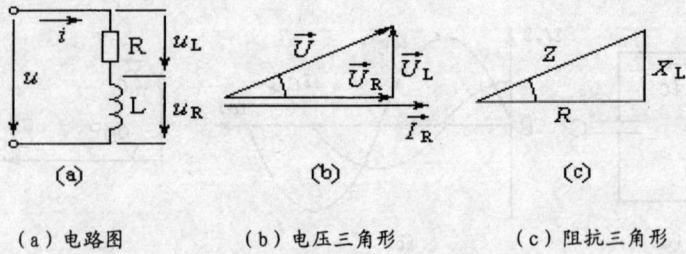

（a）电路图　　　　（b）电压三角形　　　　（c）阻抗三角形

图 2-13　R-L 串联电路

$$U = \sqrt{U_R^2 + U_L^2}$$

式中　U——总电压，V；

　　　U_R——电阻两端，V；

　　　U_L——电感两端电，V。

电阻与感抗对交流电流的通过所产生的综合的阻碍作用称为阻抗，用字母 Z 表示，单位也是 Ω（欧）。阻抗与电阻、感抗的关系是

$$|Z| = \sqrt{R^2 + X_L^2}$$

由 $|Z|$、R 和 X_L 组成的三角形称为阻抗三角形，φ 角称为阻抗角，如图 2-13c 所示。由阻抗三角形可知：

$$\cos\varphi = \frac{R}{|Z|}$$

在 R-L 电路中既有能量的消耗，也存在着能量的转换，也就是说既存在有功功率 P，也存在无功功率 Q_L。

在交流电路中总电流与总电压的乘积，叫视在功率，用字母 S 表示，单位为伏安（V·A）或千伏安（kV·A）。视在功率表示为：

$$S = UI$$

视在功率表示电源提供总的容量，如发电机或变压器的容量就是用视在功率表示的。根据有功功率和无功功率的定义，结合电压三角形可知：

$$P = U_R I = UI\cos\varphi = S\cos\varphi$$

$$Q_L = U_L I = UI\cos\varphi = S\sin\varphi$$

在 R-L 电路中，由于自感电动势的作用，当切断电源时，电感上会因自感电动势的存在出现很高的过电压，在电力和电子线路中，经常会把接点（开关触头）烧蚀，还会将晶体管击穿。因此，有时在开关两端并联一个R-C电路来"吸收"反电势以降低触点电压。

5.R-L-C串联电路

由电阻R、电感L和电容C组成的串联电路，简称为R-L-C串联电路，如图2-14所示。

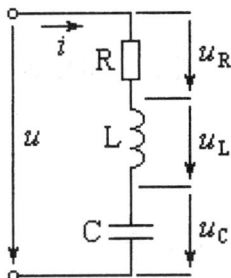

图2-14 R-L-C串联电路

当电路接通交流电压u时，由于流过各元件上的电流为同一电流i，在电阻R两端产生的电压降$U_R=IR$，电流I与电压U_R相位相同；在电感L的两端产生电压降$U_L=IX_L$，电压U_L超前电流90°；在电容C两端产生电压降$U_C=IX_C$，电压U_C滞后于电流90°。

当$X_L>X_C$时，$\varphi>0$，X_L-X_C和U_L-U_C均为正值，总电压超前电流，电感的作用大于电容的作用，此时总电路呈电感性。

当$X_L<X_C$时，$\varphi<0$，X_L-X_C和U_L-U_C均为负值，总电压滞后电流，电容的作用大于电感的作用，此时总电路呈电容性。

当$X_L=X_C$时，X_L-$X_C=0$，$\varphi=0$，U_L-U_C。这时总电压与电流同相，电路中电流I=U/R为最大，此时总电路呈电阻性。这种状态称为谐振，这种电路称为串联谐振电路或电压谐振电路，其特点是电感或电容两端电压相等，并可能大于电源电压。

三、功率因数和无功功率补偿

在交流电路中，电压与电流之间的相位差φ的余弦$\cos\varphi$叫做功率因数。功率因数的大小与电路的负荷性质有关。功率因数有两种常用计算的方法。

瞬时功率因数计算

$$\cos\varphi = \frac{P}{S} = \frac{R}{|Z|}$$

平均功率因数计算

$$\cos\varphi = \frac{W_P}{\sqrt{W_P^2 + W_Q^2}}$$

式中，W_P 为有功电量，W_Q 为无功电量。

利用电容器上的电流与电感负载上的电流在相位上相差 180° 的特点，可以减小线路上的无功电流，也就是利用电容器的无功功率来补偿电感性负载上无功功率，达到提高系统中功率因数的目的。

四、三相交流电路

三相交流电一般由三相发电机产生，三相交流电动势在时间上出现最大值的先后顺序称为相序。

1. 三相电源的连接

在生产中，三相交流发电机的三个绕组都是按一定规律连接起来向负载供电的。通常有两种方法：一种是星形（Y）连接，另一种是三角形（Δ）连接。

（1）三相电源的星形连接。将电源三相绕组的末端 U2、V2、W2 连接在一起，成为一个公共点（中性点），而由三个首端 U1、V1、W1 分别引出三条导线向外供电的连接形式，称为星形（Y）连接，如图 2-15a 所示。以这种连接形式向负载供电的方式称为三相三线供电。这三条导线叫做相线，分别用 L1、L2、L3 表示。在这三条相线中，任意两条相线间的电压称为线电压，用符号 U_L 表示。

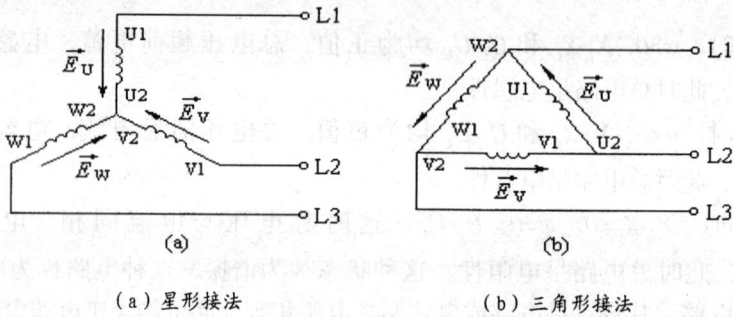

（a）星形接法　　　　　（b）三角形接法

图 2-15　三相交流电源的连接

在上述连接形式向外供电的基础上，再加上由中性点（中性点已接地）引出一条导线，称为中性线，用字母 "N" 表示。任一条相线与中性线间的电压称为相电压，用 U_P 表示。这种以四条导线向负载供电的方式，称为三相四线供电。三相四线供电方式，可向负载提供两种电压，即相电压和线电压。

三相线路有相电压和线电压之分。相电流是指流过每一相电源绕组或每一相负载的电流，用符号 I_P 表示。任一条相线上的电流称为线电流，用 I_L 表示。

在三相交流电星形接法中，三相平衡时线电压为相电压的 $\sqrt{3}$ 倍，线电流等于相电流。即：

$$I_L = I_P$$

$$U_L = \sqrt{3}U_P$$

我国通用的低压供电线路的相电压 U_P=220V，线电压 $U_L = \sqrt{3}U_P = 380V$。220/380V 的三相四线供电线路可以提供给电动机等三相负载用电，同时还可以供给照明等单相用电。

（2）三相电源的三角形连接。将三相绕组的各末端与相邻绕组的首端依次相连，即 U2 与 V1、V2 与 W1、W2 与 U1 相连，使三个绕组构成一个闭合的三角形回路，这种连接方式，称为三角形连接（Δ ）。如图 2-15 b 所示。三角形连接方法只能引出三条相线向负载供电。三角形连接时，线电压等于相电压；线电流等于 $\sqrt{3}$ 倍的相电流。即：

$$U_L = U_P$$

$$I_L = \sqrt{3}I_P$$

2. 三相负载的联接

三相负载也常采用星形连接或三角形连接。较大容量（4kw 以上）的低压三相电动机一般均采用三角形连接方式。

（1）三相负载的星形连接。三组单相负载接入三相四线制供电系统中适用图 2-16a 的接法。三相负载星形连接适用图 2-16b 的接法。

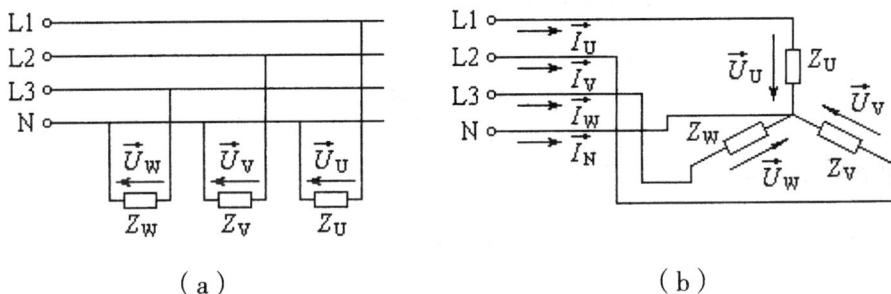

（a）   （b）

图 2-16 负载为星形连接

在星形连接的三相负载电路中，线电流等于相电流，这种关系对于对称星形和不对称星形电路都是成立的。

（2）负载的三角形连接。负载的三角形连接，如图 2-17 所示。这时，线电压等于相电压，无论三角形负载对称与否都成立。

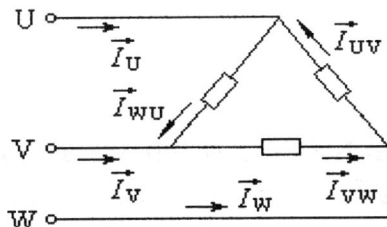

图 2-17 负载为三角形接线

3.三相交流电路的功率

在对称三相电路中，其总功率等于各相负载功率之和。

（1）有功功率。在对称三相电路中，三相负载所消耗的有功功率等于3倍单相负载消耗的有功功率，即：

$$P=3U_P I_P cos\varphi$$

因为星形连接时，$U_L = \sqrt{3}U_P$、$I_L = I_P$，三角形连接时，$U_L = U_P$、$I_L = \sqrt{3}I_P$，所以

$$P = \sqrt{3}U_L I_L \cos\varphi$$

（2）无功功率。当三相负载对称时：

$$Q = 3U_P I_P \sin\varphi$$

$$Q = \sqrt{3}U_L I_L \sin\varphi$$

（3）视在功率。根据视在功率定义：

$$S = \sqrt{P^2 + Q^2}$$

当负载对称时

$$S = 3U_P I_P = \sqrt{3}U_L I_L$$

在实际工作中，我们应注意的是，在相同的线电压条件下，负载作为三角形连接时的有功功率是负载为星形连接时有功功率的3倍，对于无功功率也是如此。

第三节　电磁感应和磁路

一、磁的基本概念

电与磁是电学中的两个基本现象，彼此有着不可分割的联系，很多设备，如发电机、电动机、电工仪表、继电器、接触器、电磁铁等，都是基于电磁作用原理而制作的。也可以说有电流就有磁现象，二者既相互联系又相互作用。

1. 磁体、磁场、磁感应强度、磁通

（1）磁体。把一个铁钉放在磁铁附近，铁钉会受到力的作用被磁铁吸引移动。磁铁吸铁的性质叫磁性。两个磁体之间具有同性相斥、异性相吸的特征。

（2）磁场。在磁体和载流导体周围存在着一个磁力能起作用的空间，我们称它为磁场。如把一个磁针放在通有电流的导体旁，如图2-18所示，磁针也会受到力的作用发生偏转；一旦切断电流，磁针又恢复到原位；改变电流方向，则磁针的偏转方向也跟着改变。为了形象化，我们用磁力线来表示它的分布情况。磁力线都是连续的，都是无头无尾的闭合曲线，在磁铁外部，磁力线从N极指向S极；在磁铁内部，则从S极指向N极，如图2-19所示。

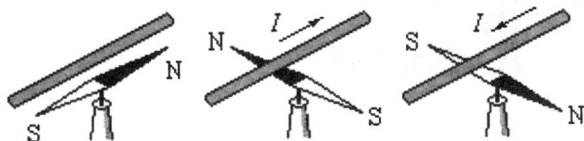

图2-18 通电导体附近存在着磁场　　　图2-19 条形磁铁磁力线

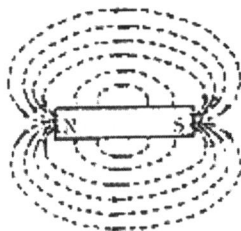

（3）磁感应强度。磁感应强度用来表示磁场的强弱和方向。磁感应强度越大，表明载流导体在磁场里所受的力越大，而且力的方向与磁感应的强弱垂直。磁感应强度的单位有T（特斯拉）和Gs（高斯），$1T=1\times10^4Gs$。

（4）磁通。磁通用以表示磁路中某一截面上总的磁感应的强弱，其大小等于与磁感应强度垂直的某一截面和磁感应强度的乘积。

2. 电流的磁效应

（1）载流直导线的磁场。载流直导线的磁场方向可用右手螺旋定则来判断，如图2-20所示。具体方法是：伸平右手，拇指与四指成直角，蜷曲四指握住载流直导线使拇指指向电流方向，其余四指所指的方向就是直导体四周的磁力线方向，即磁场方向。这些磁力线是由垂直于该直导线平面上，并以导线为中心的多个同心圆构成。

（2）直螺管线圈的磁场。为了便于判断和记忆直螺管线圈所产生的磁场方向和电流方向之间的关系，也可以用右手螺旋定则来判断。具体方法如图2-21所示，伸平右手，拇指与四指成直角，蜷曲四指握住直螺管线圈，四指指向电流方向，其拇指所指方向为直螺管线圈内部所产生的磁场方向，即直螺管线圈内部的磁力线方向。

（3）磁场对通电导体的作用。通电导体在磁场中要产生运动，如图2-22所示，这是电磁力作用的结果。载流导体所受到的电磁力与导体中的电流I、导体长度1和磁感应强度B成正比。其大小可用公式表示为：

$$F=BI1$$

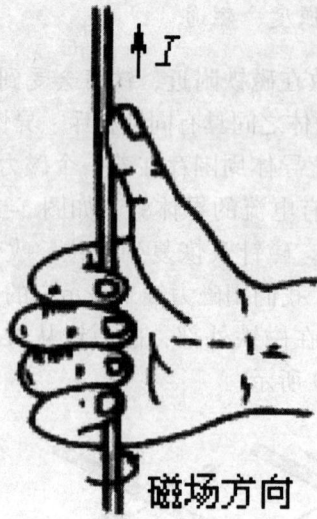

图 2-20 判断直导线的磁场

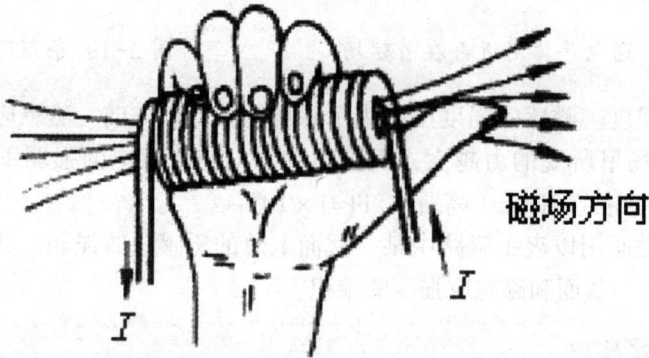

图 2-21 直螺管线圈的磁场

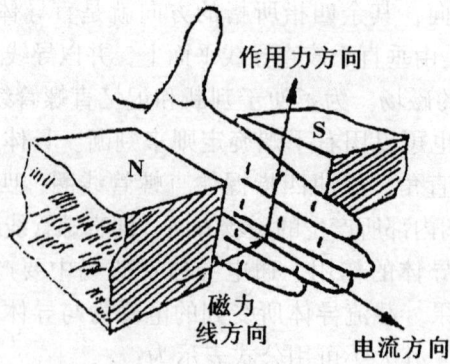

图 2-22 左手定则

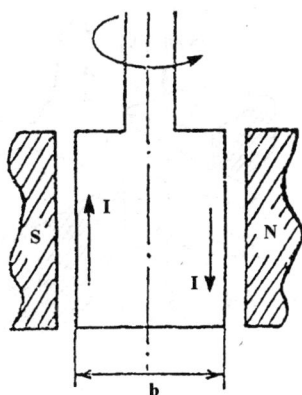

图 2-23 磁场中的线框

电磁力的方向可按左手定则确定：伸平左手，使拇指与四指成直角，让磁力线穿过手心，使四指指向电流方向，则拇指所指方向为电磁力方向，又称为电动力的方向。对于磁场中的线框（见图 2-23）左右两旁都受到力的作用，N 极侧受到由外向里的力，S 极侧受到由里向外的力。这样两个边的作用力将使线框转动。

两根平行的载流导体，在其周围产生磁场，并使得每根导体都处在另一根导体产生的磁场中，而且还与该磁力线的方向垂直。因此，两根平行线载流导体都会受到电磁力的作用。若两根平行导体中的电流方向相同，导体受到相互吸引的力。若两根平行导体中通过的电流方向相反，则导体受到相互排斥的力。发电站、变电所等场所的母线经常平行敷设，短路时的侧向电磁力将成百倍的增大，因此安装必须牢固，以免扩大事故。

二、电磁感应

1. 电磁感应现象

磁场中的导体在作切割磁力线运动时，该导体内就会有感应电动势产生，这种现象称为电磁感应现象。由感应电动势所产生的电流叫感应电流，其方向与感应电动势所产生的方向相同。这就是"磁动生电"的现象。

感应电动势的方向按右手定则确定：平伸右手，拇指与四指成直角，手心对准 N 极（即让磁力线穿过手心），大拇指指向导体运动的方向，其余四指所指的方向就是感应电动势的方向（见图 2-24）。

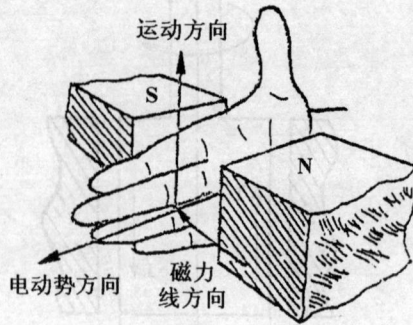

图 2-24 右手定则

2. 直导体的感应电动势

导体在磁场中作切割磁力线运动时，该导体中将产生感应电动势。感应电动势的大小决定于磁感应强度、导体长度及切割磁力线的速度。当导体切割磁力线的运动方向与磁力线的方向垂直时，电动势最大，为

$$e = Blv$$

式中　e——电动势，V；

B——磁感应强度，T；

l——导体长度，m；

v——导体切割磁力线的速度，m/s。

3. 螺旋线圈的感应电动势

线圈中感应电动势的大小与线圈中磁通变化率（单位时间内磁通变化的数量）成正比，且与线圈的圈数成正比。这一规律称为法拉第电磁感应定律。如感应电动势产生电流，该电流所产生的磁场有阻止线圈中磁通变化的趋势。

4. 自感、互感

（1）自感。线圈中的电流大小发生变化时，导致线圈中的磁通也会相应发生变化，这个变化的磁通必将在线圈中产生感应电动势。这种由于线圈本身电流的变化而在该线圈中产生电磁感应的现象叫作自感现象，由自感现象所产生的感应电动势称为自感电动势。自感电动势的大小取决于电流变化率的大小和线圈本身的特征。线圈本身的特征用自感（自感系数）表示。自感的符号是英文字母 L；自感的基本单位是亨利，简称亨，用字母 H 表示，还用毫亨（mH），微亨（μH）表示。它们之间的关系是：

$$1H=1000mH \quad 1H=10^6\mu H$$

自感电动势的大小与自感 L 和线圈中电流变化率的乘积成正比。

（2）互感。两个线圈相互靠近时，当一个线圈内电流发生变化时，另一个线圈则会产生感应电动势，这种现象叫互感现象。由互感现象所产生的感应电动势称为互感电动势。两个线圈之间的互感能力称为互感量，用字母 M 表示。当两个线圈的互感量 M 为常数时，互感电动势的大小与互感量和另一个线圈中的电流变化率乘积成正比。

在同一个变化的磁通作用下，两个线圈中感应电动势极性相同的端子为同名端，极性相反的两端为异名端。如果将两个互感线圈的同名端连接在一起，则两个互感线圈产生的磁通在任何时刻总是大小相等，方向相反。利用这一原理人们创造了无感线绕电阻和无感电烙铁等。

（3）涡流。涡流也是一种感应电流。当把线圈缠绕在铁心上通以交变电流时，将会在铁心中产生随交变电流的变化而作周期性变化的磁通，根据"动磁生电"的原理，使铁心中产生感应电流，称它为涡流，如图 2-25 所示。

由于铁心的电阻很小，所以涡流将会很大，促使铁心发热。温度上升严重时会损坏电气设备。因此，制造交流电气设备线圈的铁心都采用相互绝缘的硅钢片叠装而成，其目的是为了减小涡流。

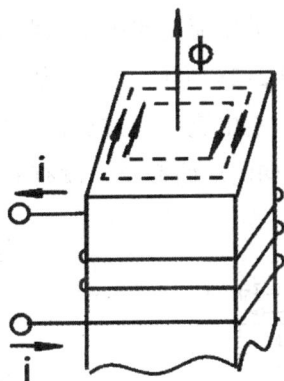

图 2-25 涡流

三、磁路

我们把铁磁材料组成的磁通的闭合路径称为磁路。在磁路内的磁通称为主磁通，而在磁路外有很少量磁通经空气而形成的闭合路径，这部分磁通称为漏磁通。交流接触器的典型磁路如图 2-26 所示。

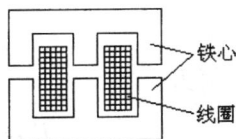

图 2-26 交流接触器的磁路

上图中，线圈中的电流与线圈匝数的乘积越大，则铁心中的磁通越大。线圈中电流与线圈匝数的乘积是产生磁通的能力，称为磁动势。

磁路中的磁通遇到的阻力称为磁阻。磁阻的大小与磁路的长度成正比，与磁路的截面成反比，还与磁路材料有关。

第四节　电子技术常识

一、晶体二极管

晶体二极管是具有单向导电性能的半导体元件。二极管有两个电极，即阳极和阴极。二极管的符号是 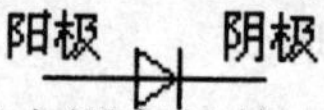 阳极 ▷| 阴极 。当电源正极接二极管阳极、电源负极接二极管阴极时二极管导通，当电源负极接二极管阳极、电源正极接二极管阴极时二极管截止。

1. 单相半波整流电路

如图 2-27 所示，单相半波整流电路由变压器 T、二极管 V、负载电阻 R_L 组成。

电压与电流波形图如图 2-28 所示。在 u_2 为正半周，即 A 端为正、B 端为负，二极管 V 因加正向电压而导通，有电流 i_L 流过负载电阻 R_L。当 u_2 为负半周，即 A 端为负、B 端为正，二极管 V 因加反向电压而截止，没有电流流过负载电阻 R_L。

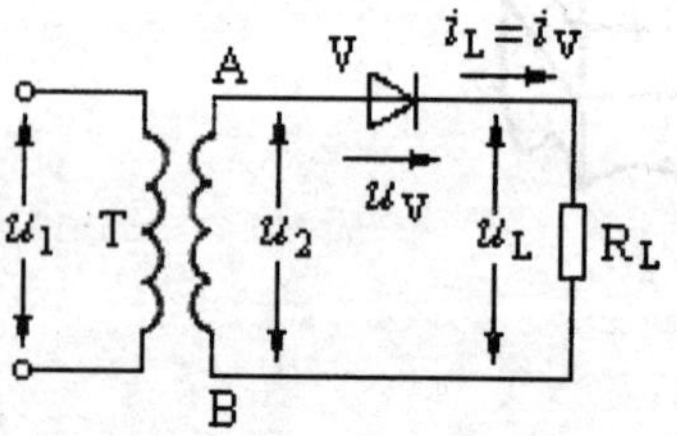

图 2-27　二极管半波整流电路 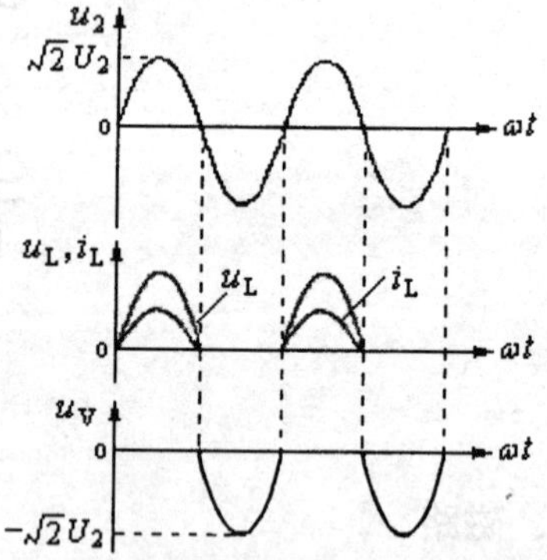　　图 2-28　半波整流的电压、电流波形图

负载上电压的平均值为：$U_L=0.45U_2$

式中，U_2 为变压器二次电压。

二极管所承受的反向电压最大值为：

$$U_{RM} = \sqrt{2}U_2$$

根据 I_L、U_{RM} 就可选择整流元件。

2. 单相桥式整流电路

图 2-29 所示为单相桥式整流电路的几种画法。单相桥式整流电路由变压器 T、4 只晶体二极管、负载电阻 R_L 组成。该电路在电源的正半周和负半周都有输出，为全波整流电路。

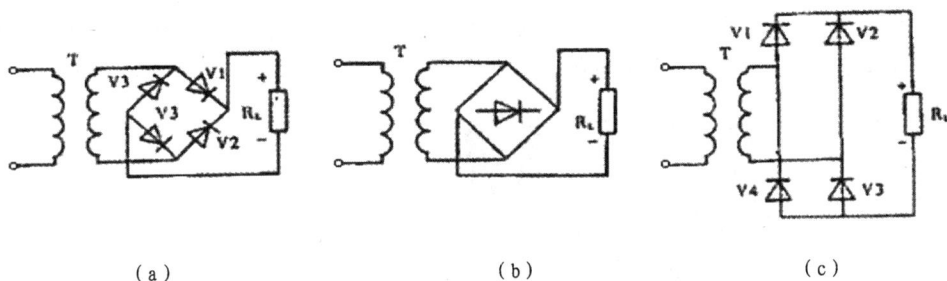

（a）　　　　　　　　　（b）　　　　　　　　　（c）

图 2-29 桥式整流电路

单相桥式整流电路全波。其负载 R_L 上电压的平均值分别为：

$$U_L=0.9U_2$$

二极管所承受的反向电压最大值为：

$$U_{Rm} = \sqrt{2}U_2$$

3. 二极管测试

可用万用表的电 R×100 或 R×1000 档（小功率二极管用 R×1000 档）来测量二极管，粗略判断二极管的性能和极性。具体方法：将红表笔接万用表的 "+" 插孔内；黑表笔接在万用表的 "–" 插孔内。把万用表的欧姆档旋钮拨到 R×100 或 R×1000 位置，然后用表笔分别接二极管的两端。如图 2-30 所示。

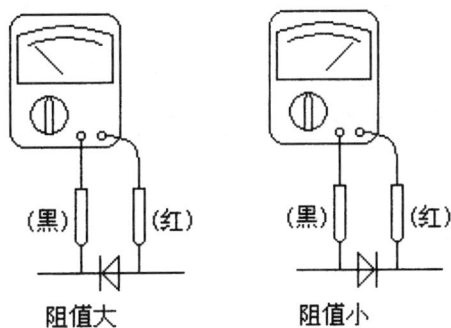

（黑）　（红）　　　　　（黑）　（红）

阻值大　　　　　　　　阻值小

图 2-30 二极管测试

通过上述测量可以读出两个电阻值，一个大，一个小。大的阻值为二极管的反向电阻值。小功率二极管为数十千欧至数百千欧，大功率二极管反向电阻值要小一些。所测得的小的阻值就是二极管的正向电阻值，约为数十欧至数百欧。

因万用表的黑表笔是表内电池正极，红表笔是表内电池负极。所以，测到小阻值时，黑表笔接触的是二极管的正极。

二、晶体三极管

1. 晶体三极管概要

晶体三极管是具有电流放大作用的电子器件。三极管有三个电极，分别为发射极 E、基极 B 和集电极 C，其外形如图 2-31 所示。三极管的符号如图 2-32 所示。

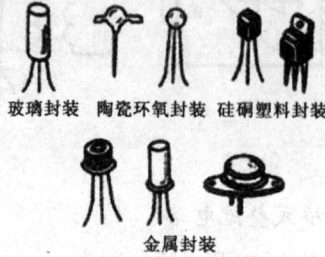

图 2-31 三极管外形   图 2-32 三极管符号

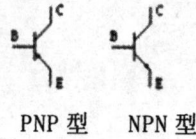

当三极管的输入边与输出边共用发射极时，随着基极电流的微小变化，集电极电流将有一个很大的变化，从而起到电流放大作用。电流放大倍数是三极管的基本性能指标之一。

2. 三极管测试

根据 PN 结正向电阻小、反向电阻大的原理来判别基极和管型。当万用电表的红笔放在某一只管脚上，黑笔分别放到另外二只管脚上，若测得二者的阻值均很小，则此管子就是 PNP 型，且红笔所接管脚即为基极；当万用电表的黑笔放在某一只管脚上，红笔分别放到另外二只管脚上，若测得二者的阻值均很小，则此管子就是 NPN 型，且黑笔所接管脚即为基极。

PNP 管红笔接基极，黑笔经电阻分别接另外二极，指针偏转角大的是集电极；NPN 管黑笔接基极，红笔经电阻分别接另外二极，指针偏转角大的是集电极。

第三章
电击及现场救护

第一节　电击

一、电流对人体的伤害

1. 人体电阻

人体电阻是由皮肤、血液、肌肉、细胞组织及其结合部所组成的含有电阻和电容的阻抗。人体电阻是皮肤电阻与体内电阻之和。

2. 电流对人体的伤害

电流对人体的作用主要表现为生物学效应，给人以刺激，使人体组织发生变异。电流通过肌肉组织时引起肌肉收缩，电流还可能通过中枢神经系统对机体产生作用。因此，当人体触及带电体时，一些没有电流通过的部位也会受到刺激，发生强烈的反应，甚至重要器官的功能会受到破坏。

电流通过人体，会引起麻感、针刺感、压迫感、打击感、痉挛、疼痛、呼吸困难、血压异常、昏迷、心律不齐、窒息、心室纤维性颤动等症状。数十至数百毫安的小电流通过人体时，可引起心室纤维性颤动，短时间使人致命。发生心室纤维性颤动时，心脏每分钟颤动 1000 次以上，但幅值很小，而且没有规则，血液实际上中止循环，如不及时抢救，数秒钟至数分钟将由诊断性死亡转为生物性死亡。

电流的瞬时作用引起的心室纤维性颤动，呼吸可能持续 2~3 min。如不及时抢救，很快将导致生物性死亡。

电流通过人体内部，对人体伤害的严重程度与通过人体电流的大小、电流通过人体的持续时间、电流通过人体的途径、电流的种类以及人体状况等多种因素有关。各影响因素之间，特别是电流大小与通电时间之间有着十分密切的关系。

工业频率 50Hz，对于电击来说是最危险的频率。实际工作中如不单独说明，所说的电流都是工频电流，所说的数值都是有效值。

二、电击事故种类

按照触电事故的构成方式，触电事故可分为电击和电伤。

1. 电击

电击是电流对人体内部组织的伤害，是最危险的一种伤害，绝大多数的触电死亡事故都是由电击造成的。电击的主要特征有：

（1）伤害人体内部。

（2）在人体的外表没有显著的痕迹。

（3）致命电流较小。

按照发生电击时电气设备的状态，电击可分为直接接触电击和间接接触电击。

（1）直接接触电击。直接接触电击是触及设备和线路正常运行时的带电体发生的电击（如误触接线端子发生的电击），也称为正常状态下的电击。

（2）间接接触电击。间接接触电击是触及正常状态下不带电，而当设备或线路故障时意外带电的导体发生的电击（如触及漏电设备的外壳发生的电击），也称为故障状态下的电击。

对地电压就是带电体与电位为零的大地之间的电压。接触电压是指人体某点触及带电体时，加于人体该点与人体接地点之间的电压。跨步电压是指人进入地面带电的区域内时，加在人的两脚之间的电压。

2. 电伤

电伤是电流的热效应、化学效应、光效应或机械效应对人体造成的伤害。电伤会在人体上留下明显伤痕，有灼伤、电烙印和皮肤金属化三种。

电弧灼伤是由弧光放电引起的，比如低压系统带负荷（特别是感性负荷）拉刀开关，错误操作造成的线路短路、人体与高压带电部位距离过近而放电，都会造成强烈弧光放电。电弧灼伤也能使人致命。

电烙印通常是在人体与带电体紧密接触时，由电流的化学效应和机械效应而引起的伤害。

皮肤金属化是由于电流熔化和蒸发的金属微粒渗入表皮所造成的伤害。

三、触电方式

按照人体触及带电体的方式和电流流过人体的途径，电击可分为单相触电、两相触电和跨步电压触电。

1. 单相触电

单相触电是指在地面上或其他接地导体上，人体某一部位触及一相带电体的触电事故。对于高电压，人体虽然没有触及，但因超过了安全距离，高电压对人体产生电弧放电，也属于单相触电。

单相触电的危险程度与电网运行方式有关，一般情况下，中性点接地电网的单相触电比不接地电网的危险性大。

2. 两相触电

两相触电是指人体两处同时触及两相带电体而发生的触电事故。无论电网的中性点接地与否，其危险性都比较大。

3. 跨步电压触电

当电网或电气设备发生接地故障时，流入地中的电流在土壤中形成电位，地表面也形成以接地点为圆心的径向电位差分布。如果人行走时前后两脚间（一般按 0.8 m 计算）电位差达到危险电压而造成触电，称为跨步电压触电。

人离接地点越近，跨步电压越高，危险性越大。一般在距接地点 20 m 以外，可以认为地电位为零。

在高压故障接地处，或有大电流流过接地装置附近，都可能出现较高的跨步电压，因此要求在检查高压设备的接地故障时，室内不得接近接地故障点 4 m 以内，室外不得接近故障点 8 m 以内。若进入上述范围，工作人员必须穿绝缘靴。

四、触电事故原因及规律

为防止触电事故，应当了解触电事故的规律。根据对触电事故原因的分析，从触电事故的发生率上看，可找到以下规律：

（1）触电事故季节性明显。每年二、三季度事故多。特别是 6 ~ 9 月，事故最为集中。

（2）低压设备触电事故多。低压触电事故远远多于高压触电事故。

（3）携带式设备和移动式设备触电事故多。携带式设备和移动式设备触电事故多的主要原因是这些设备是在人的紧握之下运行，不但接触电阻小，而且一旦触电就难以摆脱电源；另一方面，这些设备需要经常移动，工作条件差，设备和电源线都容易发生故障或损坏。此外，单相携带式设备的保护线与中性线容易接错，也会造成触电事故。

（4）电气连接部位触电事故多。很多触电事故发生在接线端子、缠接接头、压接接头、焊接接头、电缆头、灯座、插销、插座、控制开关、接触器、熔断器等分支线、接户线处。

（5）错误操作和违章作业造成的触电事故多，许多事故是由于误操作和违章作业造成的，其主要原因是由于安全教育不够、安全制度不严和安全措施不完善、操作者素质不高等。

（6）不同行业触电事故不同。冶金、矿业、建筑、机械行业触电事故多。由于这些行业的生产现场经常伴有潮湿、高温、现场混乱、移动式设备和携带式设备多以及金属设备多等不安全因素，导致触电事故多。

（7）不同年龄段的人员触电事故不同。中青年工人、非专业电工、合同工和临时工触电事故多。

（8）不同地域触电事故不同。农村触电事故明显多于城市。

触电事故的规律不是一成不变的。在一定条件下，触电事故的规律也会发生一定的变化。

第二节　触电急救方法及注意事项

触电急救的基本原则是动作迅速、方法正确。当触电人出现神经麻痹、呼吸中断、心脏停止跳动等征象，外表上呈现昏迷不醒的状态时，应认为是假死，并迅速而持久地进行抢救。

一、脱离电源

人触电以后，可能由于痉挛、失去知觉或中枢神经失调而紧抓带电体，不能自行脱离电源。帮助触电人尽快脱离电源是救活触电人的首要因素。

1. 帮助触电人脱离电源的方法

（1）如果触电地点附近有电源开关或电源插销，可立即拉开开关或拔出插销。应当注意，拉线开关和平开关（翘板开关）只控制一条线，如错误地安装在中性线上，则断开开关只能切断负荷而不能断开电源。

（2）如果触电地点附近没有电源开关或电源插销，可用带绝缘柄的电工钳或用有干燥木柄的斧头等切断电线。

（3）当电线搭落在触电人身上或被压在身下时，可用干燥的衣服、手套、绳索、木板、木棒等绝缘物件作为工具，拉开触电人、拉开或挑开电线。

（4）如果触电人的衣服是干燥的，又没有紧缠在身上，抓住他的衣服，拉开使他脱离电源。

（5）如条件许可，用干木板等绝缘物隔断电流回路。

（6）通知前级停电。

选用上列方法时，务必注意高压与低压的差别。且各种方法的选用以快为原则。

2. 脱离电源注意事项

（1）救护人不可直接用手或其他导电性物件作为救护工具，而必须使用绝缘的工具操作；救护人最好用一只手操作，以防自己触电；对于高压，应注意保持必要的安全距离。

（2）防止触电人脱离电源后可能的摔伤，特别是当触电人在高处的情况下，应考虑防摔措施；即使触电人在平地，也应注意触电人倒下的方向有无危险。

（3）事故发生在夜间，应迅速解决临时照明问题，以利于抢救。

（4）实施紧急停电应考虑到防止扩大事故的可能性。

二、现场急救方法

当触电人脱离电源后，应根据触电人的具体情况，迅速地对症救治。现场应用的主要方法是人工呼吸法和胸外按压法。

1. 对症救护

对于需要救护者，应按下列情况分别处理：

（1）如果触电人伤势不重、神志清醒，但有些心慌、四肢发麻、全身无力，或触电人曾一度昏迷，但已清醒过来，应使触电人安静休息，不要走动；注意观察并请医生前来治疗或送往医院。

（2）如果触电人伤势较重，已经失去知觉，但心脏跳动和呼吸尚未中断，应使触电人安静地平卧；保持空气流通；解开其紧身衣服以利呼吸；如天气寒冷，应注意保温；并严密观察，速请医生治疗或送往医院。如果发现触电人呼吸困难、稀少或发生痉挛，应准备心脏跳动或呼吸停止后立即作进一步抢救。

（3）如果触电人伤势严重，呼吸停止或心脏跳动停止，或二者都已停止，应立即施行人工呼吸和胸外按压急救，并同时速请医生治疗和呼叫救护车送往医院。

2. 口对口(鼻)人工呼吸法

人工呼吸法是在触电人呼吸停止后应用的急救方法。各种人工呼吸法中，以口对口(鼻)人工呼吸法效果最好，而且简单易学，容易掌握。

3. 胸外按压法

胸外按压法是触电人心脏跳动停止后的急救方法。做胸外按压时应使触电人仰在比较坚实的地方，姿式与口对口（鼻）人工呼吸法相同。触电人心脏跳动停止后，可以先用拳缘敲击心脏部位几次。如不能使其心脏恢复跳动，应持续胸外按压抢救。

按压部位：胸部正中两乳连接水平。

按压方法：

（1）施救人员用一手中指沿伤病员一侧肋弓向上滑行至两侧肋弓交界处，食指、中指并拢排列，另一手掌根紧贴食指置于伤病员胸部(见图 3-1)。

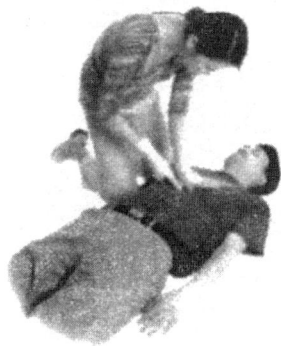

图 3-1 按压位置

（2）施救人员双手掌根同向重叠，十指相扣，掌心翘起，手指离开胸壁，双臂伸直，上半身前倾，以膝关节为支点，垂直向下、用力、有节奏地按压30次（见图3-2）。

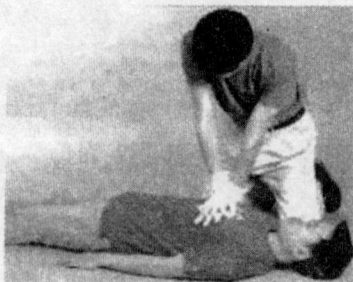

图 3-2 按压姿式

三、急救注意事项

（1）应当尽快就地开始抢救，而不能等候医生的到来。

（2）正确运用口对口（鼻）人工呼吸法和胸外按压法。如果触电人的呼吸和心脏跳动都停止了，应当交替或同时运用这两种急救方法。如果现场仅一人抢救，两种方法应交替进行：每吹气2~3次，再按压10~15次，而且频率适当提高一些，以保证抢救效果。

（3）应当坚持不断，持续地施行人工呼吸和胸外按压抢救；不可轻率中止抢救，运送医院途中原则上不能中止抢救。

（4）对于与触电同时发生的外伤，应分别情况酌情处理。对于不危及生命的轻度外伤，可放在触电急救之后处理；对于严重的外伤，应与人工呼吸和胸外按压同时处理。

（5）慎重使用肾上腺素。对于用心电图仪观察尚有心脏跳动的触电人不得使用肾上腺素。只有在触电人已经经过人工急救，经心电图仪鉴定心脏确已停止跳动，又具备心脏除颤装置的条件下，才可考虑注射肾上腺素。

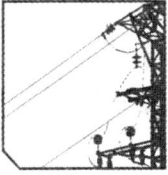

第四章
低压配电系统间接接触电击防护

第一节　低压配电系统间接接触电击防护型式

IT、TT、TN 系统的设备外壳（外露可导电部分）实施接地或接保护线是防止间接接触电击的基本技术措施。

一、IT 系统

IT 系统的字母 I 表示配电网电源端所有带电部分不接地或有一点通过阻抗接地。字母 T 表示电气装置的外露可导电部分直接接地，此接地点在电气上独立于电源端的接地点(GB 14050)。

1.IT 系统安全原理

在图 4-1a 所示的在不接地配电网中，当一相碰连电气设备外壳时，接地电流 I_E 通过人体和配电网对地绝缘阻抗 Z 成回路。

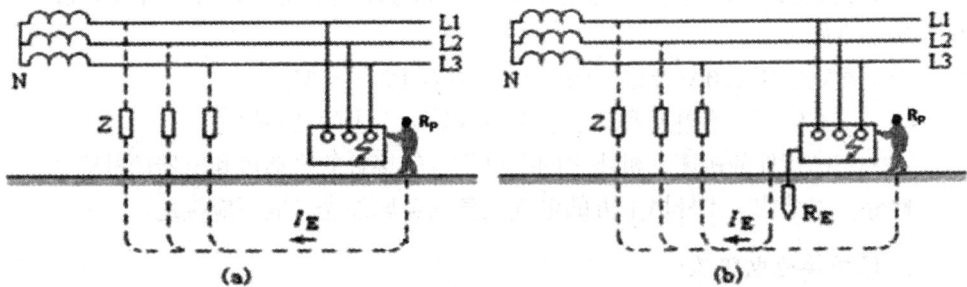

图 4-1 IT 系统原理

2.IT 系统应用要求

在 IT 系统这类配电网中，凡由于绝缘损坏或其他原因而可能呈现危险电压的金属部位，除另有规定外，均应接地。应接地的部位包括：

（1）电动机、变压器、电器、移动式用电器具的金属底座和外壳。

（2）电气设备的传动装置。

（3）屋内外配电装置的金属或钢筋混凝土构架的钢筋以及靠近带电部分的金属遮栏和金属门。

（4）配电、控制、保护用的屏（柜、箱）及操作台等的金属框架和底座。

（5）交、直流电力电缆的金属接头盒、终端头的金属外壳和电缆的金属护层、可触及的电缆金属保护管和穿线的钢管。

（6）电缆桥架、支架和井架。

（7）装有避雷线的电力线路杆塔。

（8）装在配电线路杆上的电力设备。

（9）在非沥青地面的居民区内，无避雷线的小接地短路电流架空电力线路的金属杆塔和钢筋混凝土杆塔。

（10）封闭母线的外壳及其他裸露的金属部位。

（11）封闭式组合电器和箱式变电站的金属箱体。

（12）电热设备的金属外壳。

（13）控制电缆的金属护层。

电气设备下列金属部分，除另有规定外，可不接地：

（1）在木质、沥青等不良导电地面，无裸露接地导体的干燥房间内，交流额定电压 380 V 及以下，直流额定电压 440 V 及以下的电气设备的金属外壳；但当有可能同时触及上述电气设备外壳和已接地的其他物体时，则仍应接地。

（2）在干燥场所，交流额定电压 127 V 及以下，直流额定电压 110 V 及以下的电气设备的外壳。

（3）安装在配电箱、控制屏和配电装置上的电气测量仪表、继电器和其他低压电器等的外壳。

（4）安装在已接地金属框架上的设备，如穿墙套管等（但应保证设备底座与金属框架接触良好）。

（5）额定电压 220 V 及以下的蓄电池室内的金属支架。

（6）由发电厂、变电所和工业、企业区域内引出的铁路轨道。

（7）与已接地的机床、机座之间有可靠电气接触的电动机和电器的外壳。

此外，木结构或木杆塔上方的电气设备的金属外壳一般不应接地。

3. 保护接地电阻值

在 380 V 低压 IT 系统中，单相接地电流很小，为限制设备漏电时外壳对地电压不超过安全范围，一般要求保护接地电阻 $R_E \leqslant 4$。

当配电变压器或发电机的容量不超过 100 kV·A 时，由于配电网分布范围很小，单相故障接地电流更小，可以放宽对接地电阻的要求，取 $R_E \leqslant 10$。

在 IT 系统中，除要求接地电阻符合要求外，还应采取等电位联结、对地绝缘监视、过电压防护等安全措施。

二、TT 系统

TT 系统（见图 4-2），其第一个字 T 表示电源端有一点直接接地，第二个字母 T 表示电气装置的外露可导电部分直接接地，此接地点在电气上独立于电源端的接地点（GB 14050）。

1.TT 系统原理

我国绝大部分地面企业采用变压器三相低压绕组星形接法的中性点直接接地的配电网。配电变压器低压侧中性点（N）的接地称为工作接地（系统接地）、中性点引出的导线称为中性线。由于中性线是通过工作接地与零电位大地连在一起的，其作用是与相线共同提供单相工作电压。因而中性线常称为零线。这种配电网的额定供电电压为 0.23/0.4 kV，额定用电电压为 220/380V。220V 用于照明设备和单相设备，380V 用于动力设备。配电变压器低压侧中性点接地的配电网中发生单相电击时，如果电气设备没有采取任何防止间接接触电击的措施，人体承受的电压接近相电压，即 $U_P \approx U_o$。其危险性远远大于不接地的配电网中单相电击的危险性。

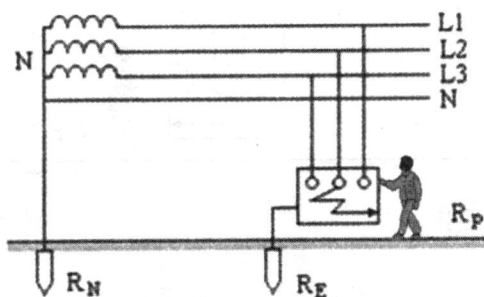

图 4-2 TT 系统

采用 TT 系统还必须同时采用快速切除接地故障的自动保护装置或采取其他防止电击的措施，并保证中性线没有电击的危险。

2.TT 系统应用要求

采用 TT 系统时，被保护设备的所有外露导电部分均应与接向接地体的保护导体连接起来。采用 TT 系统应当保证在允许故障持续时间内漏电设备的故障对地电压不超过限值，在环境干燥或略微潮湿、皮肤干燥、地面电阻率高的状态下，不得超过 50V；在环境潮湿、皮肤潮湿、地面电阻率低的状态下，不得超过 25V。故障最大持续时间原则上不得超过 5 s。

为实现上述要求，可在 TT 系统中装设剩余电流动作保护装置（漏电保护装置）或过电流保护装置，并优先采用前者。

TT 系统主要用于低压共用用户，即用于未装备配电变压器，从外面引进低压电源的小用户。

三、TN 系统

TN 系统其第一个字 T 表示电源端有一点直接接地，第二个字母 N 表示电气装置的外露可导电部分通过保护中性导体或保护导体连接到此接地点（GB 14050）。

1.TN 系统安全原理及类别

在 TN 系统中，中性线用 N 表示，保护线用 PE 表示。如果一条线既是中性线又是保护线则称其为中性保护导体用 PEN 表示。

TN 系统的原理如图 4-3 所示，当某相带电部分碰连设备外壳（即外露导电部分）时，通过设备外壳形成该相对保护线的单相短路，短路电流促使线路上的短路保护元件迅速动作，从而把故障部分设备断开电源，消除电击危险。

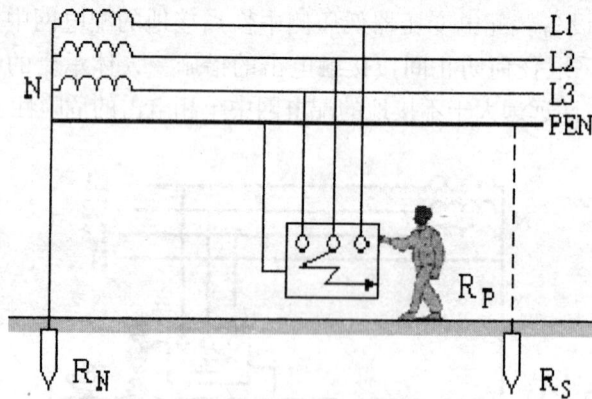

图 4-3 TN 系统原理

根据中性导体（N）和保护导体（PE）的配置方式，TN 系统可分为 TN-S、TN-C-S、TN-C 三种方式。如图 4-4 所示，TN-S 系统是保护线与中性线完全分开的系统；TN-C-S 系统是干线部分的前一段保护线与中性线共用，后一段保护线与中性线分开的系统；TN-C 系统是干线部分保护线与中性线完全共用的系统。

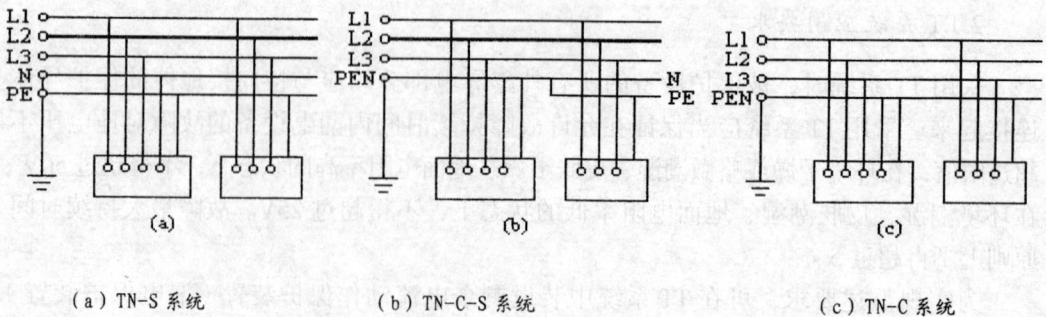

（a）TN-S 系统   （b）TN-C-S 系统   （c）TN-C 系统

图 4-4 TN 系统

2.TN 系统速断要求

在 TN 系统中，单相短路电流越大，保护元件动作越快；反之，动作越慢。单相短路电流决定于配电网相电压和相线一保护线回路阻抗。相线一保护线回路阻抗不能太大，以保证有足够的单相短路电流。

国家标准以额定电压为依据，对允许的故障最大持续时间作了一个比较简明的规定：对于相线对地电压 220V 的 TN 系统，手持式电气设备和移动式电气设备末端线路或插座回路的短路保护元件应保证短路持续时间不超过 0.4 s；配电线路或固定式电气设备的末端线路应保证短路持续时间不超过 5 s。后者之所以放宽规定是因为这些线路不常发生故障，而且接触的可能性较小。

为了实现 TN 系统电击防护要求，对于生产用电气设备等，还必须采用剩余电流动作保护装置。当电路发生绝缘损坏，其故障电流值小于过电流保护装置的动作电流值时，过电流保护装置不动作，不能消除电击危险。此时，需要依靠剩余电流动作保护装置的动作来切断电源，实现保护。

3.TN 系统应用范围

TN 系统用于中性点直接接地的 220/380 V 三相四线配电网。在 TN 系统中，凡因绝缘损坏而可能呈现危险对地电压的金属外露部分均应接保护线。

TN-S 系统可用于有爆炸危险或火灾危险性较大，或安全要求较高的场所；宜用于有独立附设变电站的车间。TN-C-S 系统宜用于厂内设有总变电站，厂内低压配电的场所及民用楼房。TN-C 系统可用于无爆炸危险、火灾危险性不大、用电设备较少、用电线路简单且安全条件较好的场所。

在现实中，往往会发现如图 4-5 所示的 TN 系统中个别设备只接地、未接保护线的情况。这种情况是不安全的。在这种情况下，当只有接地的 C 设备漏电时，该设备和中性点(含中性线所有接保护线设备)对地电压分别为

$$U_E = \frac{R_E}{R_N + R_E}U \qquad\qquad U_N = U - U_E = \frac{R_N}{R_N + R_E}U$$

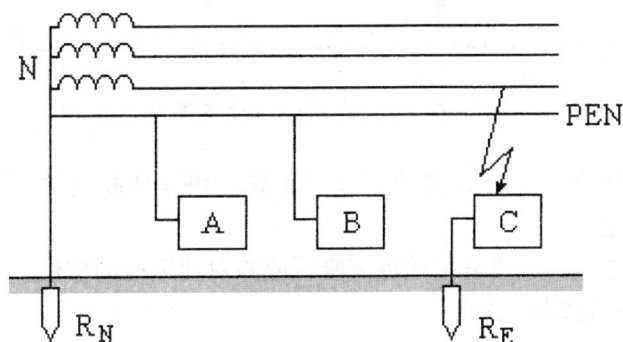

图 4-5　TT 与 TN 的混合系统

这里，R_E 是该设备的接地电阻、R_N 是工作接地与中性线上所有接地电阻的并联值。这时，故障电流不太大，不一定能促使短路保护元件动作而切断电源，危险状态将在大范围内持续存在。因此，除非接地的设备装有快速切断故障的自动保护装置，不得在 TN 系统中混用 TT 方式。

如果将接地设备的外露金属部分再同保护线连接起来，构成 TN 系统，其接地成为重复接地，对安全是有益无害的。

4. 重复接地

重复接地指 PE 线或 PEN 线上除工作接地以外其他点的再次接地。图 4-3 和图 4-6 中的 R_S 即重复接地。

（1）重复接地的作用。减轻 PE 线和 PEN 线断开或接触不良时电击的危险性，PE 线和 PEN 线断开或接触不良的可能性是不能排除的。

图 4-6 所示的是发生了 PEN 线断开，后方又有一相漏电的双重故障。如断开点后方没有重复接地，则故障电流经过触及各接保护线设备的人体和工作接地构成回路。因为人体电阻比工作接地电阻 R_N 大得多，所以在断线点后面，接触设备的人几乎承受全部电压。

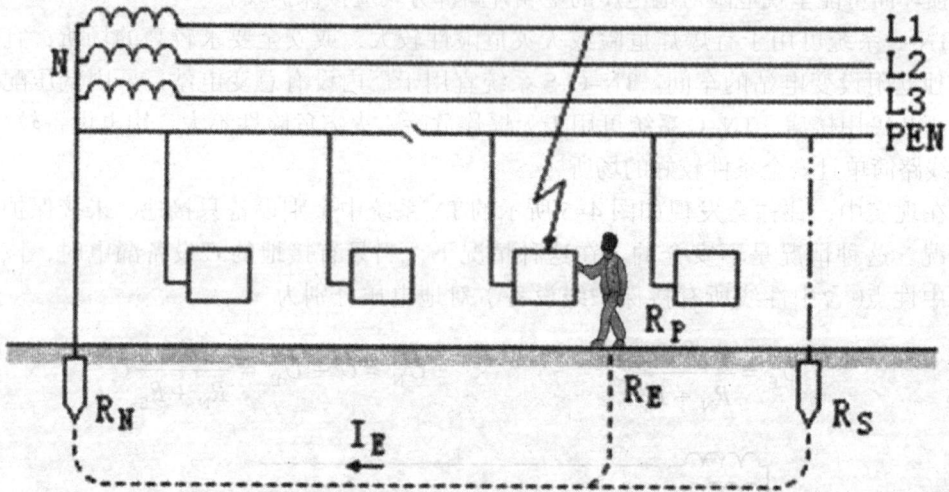

图 4-6 PEN 线断线与设备漏电

在 PEN 线断线情况下，重复接地一般只能减轻 PEN 线断线时触电的危险，而不能完全消除触电的危险。

同一般接地措施一样，重复接地也有降低故障对地电压的作用，即重复接地能进一步降低漏电设备上的故障电压。

因为重复接地和工作接地构成，PE 线和 PEN 线的并联分支，所以当发生短路时能增大单相短路电流，而且线路越长，效果越显著，这就加速了线路保护装置的动作，缩短了漏电故障持续时间。

架空线路的重复接地对雷电流有分流作用，改善架空线路的防雷性能，有利于限制雷电过电压。

（2）重复接地的要求。电缆或架空线路引入车间或大型建筑物处、配电线路的最远端及每 1km 处、高低压线路同杆架设时共同敷设段的两端应作重复接地。

一个配电系统可敷设多处重复接地，并尽量均匀分布，以等化各点电位。每一重复接地的接地电阻一般不得超过 10Ω。

5. 工作接地

所谓工作接地是指电气装置为了运行的需要将电力系统中的某一点接地，以保证电气装置可靠运行，如变压器或发电机中性点接地、避雷器接地等，工作接地的另一主要作用是减轻各种过电压的危险。

工作接地的接地电阻一般不应超过 4Ω；在高土壤电阻率地区，允许放宽至不超过 10Ω。

四、保护导体

1. 保护导体组成

保护导体包括保护接地线、TN 系统保护线和等电位联结线。保护导体分为人工保护导体和自然保护导体。

交流电气设备应充分利用自然导体作保护导体。例如，建筑物的金属结构（梁、柱等）及设计规定的混凝土结构内部的钢筋、生产用的起重机的轨道、配电装置的外壳、走廊、平台、电梯竖井、起重机与升降机的构架、运输皮带的钢梁、电除尘器的构架等金属结构、配线的钢管、母线金属保护槽、电缆的金属构架及铅、铝包皮（通讯电缆除外）等均可用作自然保护导体。在低压系统，还可利用不流经可燃液体或气体的金属管道作保护导体。

人工保护导体可以采用多芯电缆的芯线、与相线同一护套内的绝缘线、固定敷设的绝缘线或裸导体等。

TN 系统中的保护导体干线必须与电源中性点和接地体相连。保护导体支线应与保护干线相连。为提高可靠性，保护干线应至少经两条连接线与接地体连接。

利用电缆的外护物或导线的穿管作保护导体时，应保证连接良好和有足够的导电能力。利用设备以外的导体作保护导体时，除保证连接可靠、导电能力足够外，还应有防止变形和位移的措施。

煤气管等输送可燃气体或液体的管道不得用作保护导体。

为了保持保护导体导电的连续性，所有保护导体，包括有保护作用的 PEN 线上均不得安装单极开关和熔断器；保护导体应有防机械损伤和化学腐蚀的措施；保护导体的接头应便于检查和测试；可拆开的接头必须是用工具才能拆开的接头；各设备的保护（支线）不得串联连接，即不得用设备的外露导电部分作为保护导体的一部分。

2.保护导体截面积

当保护线与相线材料相同时，保护线可以按表4-1选取；如果保护线与相线材料不同，可按相应的阻抗关系考虑。

表4-1 保护线截面选择表

相线截面 S_L/mm^2	保护线最小截面 S_{PE}/mm^2
$S_L \leqslant 16$ $16 < S_L \leqslant 35$ $S_L > 35$	S_L 16 $S_L/2$

除应用电缆芯线或金属护套作保护线者外，采用单芯铜质绝缘导线作保护线时，有机械防护的不得小于 2.5 mm²；没有机械防护的不得小于 4 mm²。

兼作中性线、保护线的 PEN 线的最小截面除应满足不平衡电流和谐波电流的导电要求外，还应满足接保护线可靠性的要求。为此，要求铜质 PEN 线截面不得小于10 mm²、铝质的不得小于 16 mm²，如系电缆芯线，则不得小于 4 mm²。

电缆线路应利用其专用保护芯线和金属包皮作保护线。如电缆没有专用保护芯线，应采用两条电缆的金属包皮作保护线，并最好再沿电缆敷设一条 20mm × 4mm 的扁钢作为辅助保护线；仅有一条电缆时，除利用其金属包皮外，还须敷设一条 20mm × 4mm 的扁钢。

五、等电位联结

人身发生触电的原因是由接触电压造成，所谓电压是指两点之间的电位差，因此人身发生触电是由于身体某两点不同的部位，接触了不同的电位而造成。那么在同一个立体结构内将所有在正常情况下不带电的金属体，用保护导体连接在一起引成一个等电位结构，称之等电位联结，等电位联结是防止间接触电的有效措施。

等电位联结有总等电位联结（MEB）、局部等电位联结（LEB）和辅助等电位联结（SEB）之分。国家建筑标准设计图集《等电位联结安装》（02D501-2）对建筑物的等电位联结具体做法作了详细介绍。

住宅楼做总等电位联结后，可防止 TN 系统电源线路中的 PE 和 PEN 线传导引入故障电压导致电击事故，同时可减少电位差、电弧、电火花发生的机率，避免接地故障引起的电气火灾事故和人身电击事故；同时也是防雷安全所必需。因此，在建筑物的每一电源进线处，一般设有总等电位联结端子板，由总等电位联结端子板与进入建筑物的金属管道和金属结构构件进行连接。总等电位联结的组成如图4-7所示。

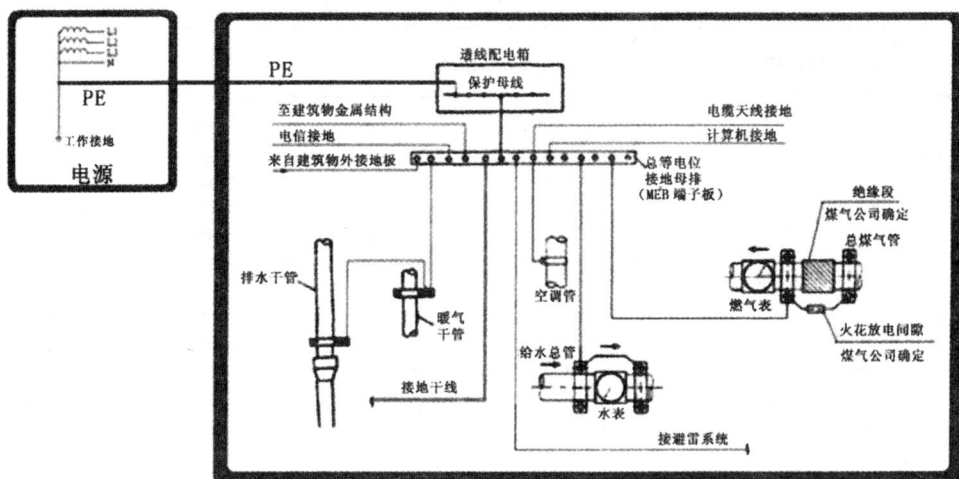

图 4-7 总等电位联结示意图

第二节 接地装置

接地装置是接地体(极)和接地线的总称。

一、自然接地体和人工接地体

自然接地体是用于其他目的,但与土壤保持紧密接触的金属导体。例如,埋设在地下的金属管道(有可燃或爆炸性介质的管道除外)、金属井管、与大地有可靠连接的建筑物的金属结构、水工构筑物及类似构筑物的金属管、桩等自然导体均可用作自然接地体。利用自然接地体不但可以节省钢材和施工费用,还可以降低接地电阻和等化地面及设备间的电位。如果有条件,应当优先利用自然接地体。在利用自然接地体的情况下,应考虑到自然接地体拆装或检修时,接地体被断开,断口处出现的电位差及接地电阻发生变化的可能性。自然接地体至少应有两根导体在不同地点与接地网相连(线路杆塔除外)。

人工接地体可采用钢管、角钢、圆钢、扁钢等材料制成。人工接地体宜采用垂直接地体,多岩石地区可采用水平接地体。垂直埋设的接地体可采用钢管、角钢或圆钢。水平埋设的接地体可采用扁钢或圆钢。

为了保证足够的机械强度,并考虑到防腐蚀的要求,钢质接地体的最小尺寸见表4-2。

表 4-2 钢质接地体和接地线的最小尺寸

材料种类		地上		地下	
		室内	室外	交流	直流
圆钢直径 /mm		6	8	10	12
扁钢	截面 /mm²	60	100	100	100
	厚度 /mm	3	4	4	6
角钢厚度 /mm		2	2.5	4	6
钢管管壁厚度 /mm		2.5	2.5	3.5	4.5

二、接地线

接地线属于保护导体。对保护导体的要求也是对接地线的要求。

在非爆炸危险环境，如自然接地线有足够的截面积，可不再另行敷设人工接地线。

如果车间电气设备较多，宜敷设接地干线。各电气设备外壳分别与接地干线连接，而接地干线应在不同的两点及以上与接地网相连接。各电气设备的接地支线应单独与接地干线或接地体相连，不应串联连接。

非经允许，接地线不得作其他电气回路使用。不得用蛇皮管、管道保温层的金属外皮或金属网以及电缆的金属护层作接地线。

三、接地装置安装

每一垂直接地体的垂直元件不得少于 2 根。垂直元件的长度以 2~2.5 m 左右为宜：太短会增加流散电阻；太长施工困难，而且增加垂直元件的长度对接地电阻减小效果甚微。相邻垂直元件之间的距离不宜小于其长度的 2 倍。接地体垂直元件上端用扁钢或圆钢焊接成一个整体。为了减小自然因素对接地电阻的影响，接地体上端离地面深度不应小于 0.6 m（农田地带不应小于 1 m），并应在冰冻层以下。接地体的引出导体应引出地面 0.3 m 以上。接地体离独立避雷针接地体之间的地下距离不得小于 3 m；离建筑物墙基之间的地下距离不得小于 1.5 m。

普通垂直接地体可用重锤打入地下，采取挖坑埋设方法，回填土不应夹有石块、建筑垃圾等杂物，并应分层夯实。

接地体宜避开人行道和建筑物出入口附近。接地装置应尽量避免敷设在土壤中含有电解活性物质或各种溶液等腐蚀性较强的地带，如不能避开，则应采取防腐蚀措施，必要时可采取外引式接地装置或改良土壤的措施。

为防止机械损伤和化学腐蚀，接地线与铁路或公路的交叉处及其他可能受到损伤处，均应穿管或用角钢保护。如穿过铁路，穿越段接地线应向上拱起（垂向小 S 形弯敷设），以便有伸缩余地，防止断开。接地线穿过墙壁、楼板、地坪时，应敷设在明孔、管道或其他坚固的保护管中。接地线与建筑物伸缩缝、沉降缝交叉时，应弯成弧状或另加补偿连接件。

接地线的位置应便于检查，并不应妨碍设备的拆卸和检修。

对于能与大地构成闭合回路且经常流过电流的直流接地装置的接地线，应沿绝缘垫板敷设，不得与金属管道、建筑物和设备的构件有金属连接。

直流电力回路专用的中性线和直流两线制正极的接地体、接地线不得与自然接地体有金属连接，当无绝缘隔离装置时，相互间的距离不应少于 1 m。

很多厂房采用网络接地体。当网络接地体外部的跨步电动势大于允许数值时，可采取在网络外埋设帽檐式均压条或其他类型的均压条，也可采取在地面铺设卵石、砾石或沥青层的措施。

采取网络接地时还应当注意防止高电位引出和低电位引入的可能性。因为网络可能呈现较高的对地电压，如将网络内高电位引出，则可能在网络外造成触电危险；如将网络外低电位引入，则可能在网络内造成触电危险。

四、接地装置连接

接地装置地下部分的连接应采用焊接，并应采用搭焊，不得有虚焊。扁钢与扁钢搭接长度不得小于扁钢宽度的 2 倍，且至少在三边施焊；圆钢与圆钢、圆钢与扁钢搭接长度不得小于圆钢直径的 6 倍，且至少在两边施焊；扁钢与钢管、扁钢与角钢焊接时，除应在接触部位两侧进行焊接外，并应在连接处焊以圆弧形或直角形卡子（包板），或直接将扁钢弯成圆弧形或直角形与钢管或角钢焊接。

利用建筑物的钢结构、起重机轨道、工业管道、电缆的金属外皮等自然导体作接地线时，其伸缩缝或接头处应另加跨接线，以保证连续可靠。自然接地体与人工接地体之间务必连接可靠。

接地线与管道的连接可采用螺纹连接或抱箍螺纹连接，但必须采用镀锌件，以防止锈蚀。在有振动的地方，应采取防松措施。

五、接地装置检查和维护

1. 接地装置定期检查周期

（1）变、配电站接地装置每年检查一次，并于干燥季节每年测量一次接地电阻。

（2）车间电气设备的接地装置每半年检查一次，并于干燥季节每年测量一次接地电阻。

（3）各种防雷接地装置每年在雷雨季前检查一次。

（4）手持电动工具的接保护线或接地线每次使用前进行检查。

（5）有腐蚀性的土壤内的接地装置每 5 年局部挖开检查一次。

2. 接地装置定期检查的主要内容

（1）检查各部连接是否牢固、有无松动、有无脱焊、有无砸伤、碰断及腐蚀现象。

（2）检查接保护线、接地线有无机械损伤或化学腐蚀、明敷设的表面涂漆有无脱落。

（3）检查人工接地体周围有无堆放强烈腐蚀性物质。

（4）检查地面以下 0.5 m 深处的腐蚀和锈蚀情况。

（5）测量接地电阻是否合格（是否超过规定值）。

3. 应对接地装置进行维修的情况

（1）焊接连接处开焊。

（2）螺纹连接处松动。

（3）接地线有机械损伤、断股或有严重锈蚀、腐蚀，锈蚀或腐蚀30％以上者应予更换。

（4）接地体露出地面。

（5）接地电阻超过规定值。

第五章
防电击技术

电击事故分为直接接触电击和间接接触电击两类。根据所防范的接触方式的不同，防止电击事故的措施分三类。一是直接接触电击防护措施，如绝缘、屏护、间距等；二是间接接触电击防护措施，如 TN、TT、IT 系统、等电位联结等；三是兼防直接接触电击和间接接触电击的防护措施，如特低电压、剩余电流动作保护（漏电保护）、双重绝缘及加强绝缘等。

第一节　绝缘

绝缘是指利用绝缘材料对带电体进行封闭和隔离。绝缘一直是作为防止触电事故的重要措施，良好的绝缘也是保证电气系统正常运行的基本条件。

一、绝缘材料的种类

绝缘材料又称为电介质，其导电能力很小，但并非绝对不导电。工程上应用的绝缘材料电阻率一般都不低于 $10^7 \Omega \cdot m$。绝缘材料的主要作用是对带电的或不同电位的导体进行隔离，使电流按照确定的线路流动。绝缘材料的品种很多，一般分为：

（1）气体绝缘材料。常用的有空气、氮、氢、二氧化碳和 SF_6 等。

（2）液体绝缘材料。常用的有从石油原油中提炼出来的碳氢化合物绝缘矿物油，十二烷基苯、聚丁二烯、硅油等合成油以及蓖麻油。

（3）固体绝缘材料。常用的有树脂绝缘漆、胶和熔敷粉末；纸、纸板等绝缘纤维制品；漆布、漆管和绑扎带等绝缘浸渍纤维制品；绝缘云母制品；电工用薄膜、复合制品和粘带；电工用层压制品；电工用塑料和橡胶；钢化玻璃、电瓷、环氧树脂等。

二、绝缘材料的性能

电气设备的质量和使用寿命在很大程度上取决于绝缘材料的电、热、机械和理化性能，而绝缘材料的性能和寿命与材料的组成成分、分子结构有着密切的关系。

绝缘材料的电气性能主要表现在电场作用下材料的导电性能、介电性能及绝缘强度。

三、绝缘的破坏

在电气设备的运行过程中，绝缘材料由于电场、热、化学、机械、生物等因素的作用，使绝缘性能发生劣化。

1. 绝缘击穿

当施加于电介质上的电场强度高于临界值时，会使通过电介质的电流突然猛增，这时绝缘材料被破坏，完全失去了绝缘性能，这种现象称为电介质的击穿。发生击穿时的电压称为击穿电压。击穿时的电场强度简称击穿场强。

2. 绝缘老化

电气设备在运行过程中，其绝缘材料由于受热、电、光、氧、机械力（包括超声波）、辐射线、微生物等因素的长期作用，产生一系列不可逆的物理变化和化学变化，导致绝缘材料的电气性能和机械性能的劣化。

绝缘老化过程十分复杂。就其老化机理而言，主要有热老化机理和电老化机理。

3. 绝缘损坏

绝缘损坏是指由于不正确选用绝缘材料、不正确地进行电气设备及线路的安装、不合理地使用电气设备等，导致绝缘材料受到外界腐蚀性液体、气体、蒸气、潮气、粉尘的污染和侵蚀，或受到外界热源或机械因素的作用，在较短或很短的时间内失去其电气性能或机械性能的现象。另外，动物和植物也可能破坏电气设备和电气线路的绝缘结构。

四、绝缘电阻的测量

绝缘电阻是衡量绝缘性能优劣的最基本的指标。在绝缘结构的制造和使用中，经常需要测定其绝缘电阻。通过测定，可以在一定程度上判定某些电气设备的绝缘好坏，以防因绝缘电阻降低或损坏而造成漏电、短路、电击等电气事故。

1. 绝缘电阻的测量

绝缘材料的电阻可以用比较法（属于伏安法）测量，也可以用泄漏法来进行测量，但通常用兆欧表(摇表)测量。

兆欧表主要由作为电源的手摇发电机（或其他直流电源）和作为测量机构的磁电式流比计（双动线圈流比计）组成。测量时实际上是给被测物加上直流电压，测量其通过的泄漏电流，在表的盘面上读到的是经过换算的绝缘电阻值。

使用兆欧表测量绝缘电阻时，应注意下列事项：

（1）应根据被测物的额定电压正确选用不同电压等级的兆欧表。所用兆欧表的工作电压应高于绝缘物的工作电压。一般情况下，测量额定电压 500V 以下的线路或设备的绝缘电阻，应采用工作电压为 500V 或 1000V 的兆欧表；测量额定电压 500V 以上的线路或设备的绝缘电阻，应采用工作电压为 1000 V 或 2500 V 的兆欧表。

（2）与兆欧表端钮接线的导线应用单线，单独连接，不能用双股绝缘导线，以免测量时因双股线或绞线绝缘不良引起误差。

（3）测量前，必须断开被测物的电源，并进行放电，测量结束也应进行充分放电。对于电缆线路、电力电容器，放电时间应适当延长，以消除静电荷，防止发生触电危险。

（4）测量前，应对兆欧表进行检查。先使兆欧表端钮处于开路状态，转动摇把，观察指针是否在"∞"位，再将 E 和 L 两端短接起来，慢慢转动摇把，观察指针是否迅速指向"0"位。

（5）进行测量时，摇把的转速应由慢至快，到 120 r/min 左右时，发电机输出额定电压。摇把转速应保持均匀、稳定，待指针稳定后读数。

（6）测量过程中，如指针指向"0"，表明被测物绝缘失效，应停止转动摇把，以防表内线圈发热烧坏。

（7）禁止在雷电时或邻近设备带有高电压时用兆欧表进行测量工作。

（8）测量应尽可能在设备刚刚停止运转时进行，由于测量时的温度条件接近运转时的实际温度，使测量结果符合运转时的实际情况。

2. 绝缘电阻指标

绝缘电阻随线路和设备的不同，其指标要求也不一样。就一般而言，高压较低压要求高；新设备较老设备要求高；室外设备较室内设备要求高，移动设备较固定设备要求高等。以下为几种主要线路和设备应达到的绝缘电阻值：

（1）新装和大修后的低压电力布线和配电装置，要求绝缘电阻不低于 0.5 MΩ；运行中的低压电力布线和配电装置，要求可降低为每伏工作电压不小于 1000Ω；安全电压下工作的设备同 220 V 一样，不得低于 0.22 MΩ；在潮湿环境，要求可降低为每伏工作电压 500Ω。

（2）携带式电气设备的绝缘电阻不应低于 2 MΩ。

（2）配电盘二次线路的绝缘电阻不应低于 1MΩ，在潮湿环境，允许降低为 0.5 MΩ。

第二节 屏护和安全间距

屏护和间距是最为常用的电气安全措施之一。从防止电击的角度而言，屏护和间距属于防止直接接触电击的安全措施。此外，屏护和间距还是防止短路、故障接地等电气事故的安全措施之一。

一、屏护

1. 屏护的概念、种类及其应用

屏护是一种对电击危险因素进行隔离的手段，即采用遮栏、护罩、护盖、箱匣等把危险的带电体同外界隔离开来，以防止人体触及或接近带电体所引起的触电事故。屏护还起到防止电弧伤人、防止弧光短路或便利检修工作的作用。

屏护可分为屏蔽和障碍（或称阻挡物），两者的区别在于，后者只能防止人体无意识触及或接近带电体，而不能防止有意识移开、绕过或翻越该障碍触及或接近带电体。从这点来说，前者属于一种完全的防护，而后者是一种不完全的防护。

屏护装置的种类有永久性屏护装置和临时性屏护装置，前者如配电装置的遮栏、开关的罩盖等；后者如检修工作中使用的临时屏护装置和临时设备的屏护装置等。

屏护装置还可分为固定屏护装置和移动屏护装置，如母线的护网属于固定屏护装置；而跟随天车移动的天车滑线屏护装置属于移动屏护装置。

屏护装置主要用于电气设备不便于绝缘或绝缘不足以保证安全的场合，如开关电器的可动部分一般不能包以绝缘，因此需要屏护。对于高压设备，由于全部绝缘往往有困难，因此，不论高压设备是否有绝缘，均要求加装屏护装置。室内、外安装的变压器和变配电装置应装有完善的屏护装置。当作业场所邻近带电体时，在作业人员与带电体之间、过道、入口等处均应装设可移动的临时性屏护装置。

2. 屏护装置的安全条件

尽管屏护装置是简单装置，但为了保证其有效性，须满足如下条件：

（1）屏护装置所用材料应有足够的机械强度和良好的耐火性能。为防止因意外带电而造成触电事故，对金属材料制成的屏护装置必须实行可靠的接地或接保护线。

（2）屏护装置应有足够的尺寸，与带电体之间应保持必要的距离。遮栏高度不应低于 1.7 m，下部边缘离地不应超过 0.1 m。栅遮栏的高度户内不应小于 1.2 m、户外不应小于 1.5 m，栏条间距离不应大于 0.2 m；对于低压设备，遮栏与裸导体之间的距离不应小于 0.8 m。户外变配电装置围墙的高度一般不应小于 2.5 m。

（3）遮栏、栅栏等屏护装置上，应有"止步，高压危险！"等标志。

（4）必要时应配合采用声光报警信号和联锁装置。

二、安全间距

为了防止人体触及或接近带电体造成触电事故，避免车辆或其他器具碰撞或过分接近带电体造成事故，防止火灾、过电压放电和各种短路事故，且为了操作方便，在带电体与地面之间、带电体与其他设施和设备之间、带电体与带电体之间均需保持一定的安全距离。安全距离的大小取决于电压的高低、设备的类型、安装的方式等因素。

1. 架空线路间距

架空线路应与有爆炸危险的厂房和有火灾危险的厂房保持必要的防火间距。

架空线路与铁道、道路、管道、索道及其他架空线路之间的距离应符合有关规程的规定。

检查以上各项距离均需考虑到当地温度、覆冰、风力等气象条件的影响。

几种线路同杆架设时应取得有关部门同意，而且必须保证：

（1）电力线路在通信线路上方，高压线路在低压线路上方。

（2）通信线路与低压线路之间的距离不得小于 1.5 m；低压线路之间不得小于 0.6 m；低压线路与 10 kV 高压线路之间不得小于 1.2 m。

低压接户线受电端对地距离不应小于 2.5 m；低压接户线跨越通车街道时，对地距离不应小于 6 m；跨越通车困难的街道或人行道时，不应小于 3.5 m。

户内电气线路的各项间距应符合有关规程的要求和安装标准。

直接埋地电缆埋设深度不应小于 0.7 m。

2. 设备间距

配电装置的布置，应考虑设备搬运、检修、操作和试验方便。为了工作人员的安全，配电装置需保持必要的安全通道。

低压配电装置正面通道的宽度，单列布置时不应小于 1.5 m；双列布置时不应小于 2 m。

低压配电装置背面通道应符合以下要求：

（1）宽度一般不应小于 1 m，有困难时可减为 0.8 m。

（2）通道内高度低于 2.3 m 无遮栏的裸导电部分与对面墙或设备的距离不应小于 1 m；与对面其他裸导电部分的距离不应小于 1.5 m。

（3）通道上方裸导电部分的高度低于 2.3 m 时，应加遮护，遮护后的通道高度不应低于 1.9 m。

配电装置长度超过 6 m 时，屏后应有两个通向本室或其他房间的出口，且其间距离不应超过 15 m。

室内吊灯灯具高度一般应大于 2.5 m；受条件限制时可减为 2.2 m；如果还要降低，应采取适当安全措施。当灯具在桌面上方或其他人碰不到的地方时，高度可减为 1.5 m。户外照明灯具一般不应低于 3 m；墙上灯具高度允许减为 2.5 m。

3. 检修间距

为了防止在检修工作中，人体及其所携带工具触及或接近带电体，必须保证足够的检修间距。

在低压工作中，人体或其所携带工具与带电体的距离不应小于 0.1 m。

第三节　双重绝缘和加强绝缘

双重绝缘和加强绝缘属于兼防直接接触电击和间接接触电击的安全措施。

一、双重绝缘和加强绝缘结构

双重绝缘指工作绝缘（基本绝缘）和保护绝缘（附加绝缘）。前者是带电体与不可触及的导体之间的绝缘，是保证设备正常工作和防止电击的基本绝缘；后者是不可触及的导体与可触及的导体之间的绝缘，是当工作绝缘损坏后用于防止电击的绝缘。加强绝缘是具有与上述双重绝缘相同绝缘水平的单一绝缘。

具有双重绝缘和加强绝缘的电气设备属于Ⅱ类设备。按其外壳特征，Ⅱ类设备分为绝缘外壳基本上连成一体的Ⅱ类设备、金属外壳基本上连成一体的Ⅱ类设备和兼有绝缘外壳和金属外壳两种特征的Ⅱ类设备。

二、双重绝缘和加强绝缘的基本条件

1. 绝缘电阻和电气强度

绝缘电阻用 500 V 直流电压测试。工作绝缘的绝缘电阻不得低于 2 MΩ、保护绝缘的绝缘电阻不得低于 5 MΩ、加强绝缘的绝缘电阻不得低于 7 MΩ。

如遇绝缘测试面，应在该表面上压贴面积不超过 20mm×10mm 的金属箔片进行测试。

2. 外壳防护和机械强度

Ⅱ类设备应能保证在正常工作时以及在打开门盖和拆除可拆卸部件时，人体不得触及仅用工作绝缘与带电体隔离的金属部件。其外壳上不得有容易触及上述金属部件的小孔。

如果用绝缘外护物实现加强绝缘，则外护物必须用钥匙或工具才能开启；其上不得有金属件穿过，并有足够的绝缘水平和机械强度。

3. 电源连接线

Ⅱ类设备的电源连接线应按加强绝缘考虑。电源插头上不得有起导电作用以外的金属件。电源连接线与外壳之间至少应有两层单独的绝缘层，能有效地防止损伤。

电源线的固定件应使用绝缘材料；如用金属材料，则应加以保护绝缘等级的绝缘。电源线截面应符合专业标准的要求。电源连接线应能承受足够的拉力。

Ⅱ类设备在其明显部位应有"回"形标志。

三、双重绝缘设备的使用

从安全角度考虑，一般场所使用的手持电动工具应优先选用Ⅱ类设备。在潮湿场所或金属构架上工作应尽量选用Ⅱ类工具或选用特低电压的工具。Ⅱ类设备无须再采取接地、接保护线安全措施。

应定期检查双重绝缘设备可触及部位与工作时带电部位之间的绝缘电阻是否符合要求；使用前，应确认双重绝缘设备及其电源线是否完好；凡属双重绝缘的设备，不得再行接地或接保护线。

第四节 特低电压

特低电压是在一定条件下、一定时间内不危及生命安全的电压。特低电压保护属于既能防止直接接触电击，也能防止间接接触电击的安全措施。

一、特低电压限值和额定值

1. 限值

特低电压限值是指任何运行条件下，允许存在于两个可同时触及的可导电部分间的最高电压值（交流为有效值，直流为无纹波直流电压值），限值范围内的电压在相应条件下对人是不会有危害的。

所谓相应条件，包括是否为故障状态、是否为可握紧部件及环境状况、电源频率、接触面积等。

我国标准规定，就 15~10·0Hz 交流电压限值而言，当电气设施或电气设备正常（无故障）状态下，在干燥环境中限值为 33V（对于接触面积小于 1cm² 的非可握紧部件，允许增大至 66V）；潮湿环境中限值为 16V。当电气设施或电气设备出现能影响两个可同时触及的可导电部分间电压的单一故障状态下，在干燥环境中限值为 55V（对于接触面积小于 1cm² 的非可握紧部件，允许增大至 80V）；潮湿环境中限值为 33V。

2. 额定值

我国规定工频有效值的额定值有 42V、36V、24V、12V 和 6V。凡特别危险环境使用的手持式电动工具应采用 42V 特低电压；凡在电击危险环境使用的手持照明灯和局部照明灯应采用 36V 或 24V 特低电压；金属容器内、隧道内、水井内以及周围有大面积接地导体等工作地点狭窄、行动不便的环境应采用 12V 特低电压。当电气设备采用 24V 以上特低电压时，必须采取直接接触电击的防护措施。

二、安全电源及回路配置

1. 安全电源

通常采用安全隔离变压器作为特低电压的电源。安全隔离变压器的一次与二次之间有良好的绝缘；其间还可用接地的屏蔽隔离。除隔离变压器外，具有同等隔离能力的发电机、蓄电池、电子装置等均可做成特低电压电源。但不论采用什么电源，特低电压边与高压边均应保持双重绝缘的水平。

安全隔离变压器的外壳一般不能打开。其外壳结构应能防止偶然触及带电部分的可能性。变压器的各附件应予紧固，运行中不得因振动、发热而松动。盖板至少应有两种方式加以固定，而且，其中至少有一种方式必须使用工具实现。安全隔离变压器应具有耐热、防潮、防水及抗振的结构。

安全隔离变压器的电源输入导线和输出导线应有各自的通道。固定式变压器的输入电路中不得采用插接件。可移动式变压器（带插销者除外）应带有 2~4 m 的电源线。

安全隔离变压器各部分绝缘电阻应满足表 5-1 的要求。

表 5-1 隔离变压器的绝缘电阻

部　位	绝缘电阻 /MΩ
带电部分与壳体之间的工作绝缘	2
带电部分与壳体之间的加强绝缘	7
输入回路与输出回路之间	5
输入回路与输入回路之间	2
输出回路与输出回路之间	2
II 类变压器的带电部分与金属物件之间	2
II 类变压器的金属物件与壳体之间	5
绝缘壳体上的内、外金属物件之间	2

I 类变压器可能触及的金属部分必须接地（或接保护线）。其电源线中，应有一条专用的黄-绿双色的保护线。II 类变压器没有接地端子，不采取接地（或接保护线）措施。

2. 回路配置

特低电压回路的带电部分必须与较高电压的回路保持电气隔离，并不得与大地、接保护（地）线或其他电气回路连接。但变压器外壳及其一、二次线圈之间的屏蔽隔离层应按规定接地或接保护线。

特低电压的配线最好与其他电压等级的配线分开敷设。否则，其绝缘水平应与共同敷设的其他较高电压等级配线的绝缘水平相同。

3. 插销座

特低电压的设备的插销座不得带有接保护线或接地插头或插孔。为了保证与其他电压的插销座没有插错的可能，特低电压应采用不同结构的插销座，或者在其插座上有明显的标志。

4. 短路保护

安全隔离变压器的一次边和二次边均应装设短路保护元件。

5. 功能特低电压

如果电压值与特低电压值相符，而由于功能上的原因，电源或回路配置不完全符合特低电压的要求，则称之为功能特低电压。其补充安全要求是：装设必要的屏护或加强设备的绝缘，以防止直接接触电击；一次边应装设防止电击的自动断电装置，以防止间接接触电击。其他要求与特低电压相同。

第五节 剩余电流动作保护装置

剩余电流动作保护装置（又称"漏电保护器"）它的主要功能是提供间接接触电击保护（提供间接电击保护的漏电保护器其额定漏电动作电流不大于30mA）。在其他保护措施失效时，也可作为直接接触电击的补充保护，但不能作为基本的保护措施。剩余电流动作保护装置也用于防止漏电火灾，以及用于监测一相接地故障。

剩余电流动作保护装置种类很多。按照有无电子元器件，分为电子式和电磁式两类；按照极数，分为二极、三极和四极剩余电流动作保护器等。目前，市售产品大多数都是电子式电流型剩余电流动作保护器。

一、剩余电流动作保护装置的特点

剩余电流动作保护装置采用零序电流互感器作为取得触电或漏电电流信号的检测元件。

电磁式电流型剩余电流动作保护的原理如图5-1所示。这种保护装置以极化电磁铁FV作为执行机构。这种电磁铁由于有永久磁铁而具有极性，而且在正常情况下，永久磁铁的吸力克服弹簧的拉力使衔铁保持在闭合位置。

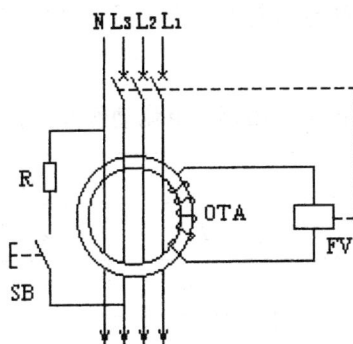

图5-1 电磁式电流型剩余电流动作保护

电磁式剩余电流动作保护装置结构简单、承受过电流或过电压冲击的能力较强；但其灵敏度不高，而且工艺难度较大。

在检测元件与执行元件之间增设电子环节，即构成电子式剩余电流动作保护装置。电子式剩余电流动作保护装置灵敏度很高、动作时间容易调节，但其可靠性较低、承受电磁冲击的能力较弱。

剩余电流动作保护装置有时起不到保护作用，例如，L 线和 N 线之间的电击事故就不在剩余电流保护范围之内。当我们脚下有绝缘，触电时电流的回路是从一只接触了 L 线的手与接触了 N 线的另一只手或与其他部位形成回路，零序电流互感器的二次不会有零序电流，在人体上的电流相当于负载，零序电流互感器的二次电流还是零，脱扣器不会动作，断路器不会动作掉闸，这时，剩余电流动作保护装置是起不到保护作用的。所以，我们在安装剩余电流动作保护装置时，被保护设备的外壳必须有接地或接 PE 保护才能起到保护作用。

二、剩余电流动作保护装置的动作参数

剩余电流动作保护装置最基本的技术参数包括额定剩余动作电流和分断时间。

额定剩余动作电流可分为 0.006A、0.01A、0.015A、0.03A、0.05A、0.075A、0.1A、0.2A、0.3A、0.5A、1A、3A、5A、10A、20A 等 15 个等级。其中，30mA 及以下的属高灵敏度，主要用于防止触电事故；30mA 以上、1000mA 及以下的属中灵敏度，用于防止触电事故和防止漏电火灾；1000mA 以上的属低灵敏度，用于防止漏电火灾和监视一相接地故障。为了避免误动作，保护装置的额定不动作电流不得低于额定动作电流的 1/2。

分断时间是指从突然施加剩余动作电流的瞬间起到所有极电弧熄灭瞬间（即被保护电路完全被切断）为止所经过的时间。剩余电流动作保护装置根据分断时间的不同，分为一般型和延时型两种。延时型剩余电流动作保护装置人为设置了延时，以适应分级保护的需要，主要用于分级保护的首端，仅适用于 $I_{\triangle n} > 0.03A$ 的间接接触电击防护。延时型剩余电流动作保护装置的延时时间优选值为：0.2、0.4、0.8、1、1.5、2 s。分级保护时，延时型剩余电流动作保护装置延时时间的级差为 0.2 s。

我国标准规定的直接接触电击补充保护用剩余电流动作保护装置的最大分断时间见表 5-2。

表 5-2 直接接触电击保护用剩余电流动作保护装置的最大分断时间

额定动作电流 $I_{\triangle n}$/A	额定电流 I_n/A	最大分断时间 /s		
		$I_{\triangle n}$	$2I_{\triangle n}$	0.25 A
0.006		5	1	0.04
0.010	任意值	5	0.5	0.04
0.030		0.5	0.2	0.04

三、剩余电流动作保护装置选用

选用剩余电流动作保护装置应当考虑多方面的因素。其中，首先是正确选择剩余电流动作保护装置的动作电流。在浴室、游泳池、隧道等电击危险性很大的场合，应选用高灵敏度的剩余电流动作保护装置。

选择动作电流还应考虑误动作的可能性。保护器应能避开线路不平衡的泄漏电流而不会动作；还应能在安装位置可能出现的电磁干扰下不会误动作。选择动作电流还应考虑在多级保护的情况下选择性的需要。

用于防止漏电火灾的剩余电流动作保护装置的动作电流可在 100~500 mA 范围内选择。

剩余电流动作保护装置的极数应按线路特征选择。单相线路选用二极保护器，仅带三相负载的三相线路可选用三极保护器，动力与照明合用的三相四线制线路必须选用四极保护器。

剩余电流动作保护开关的额定电压、额定电流、分断能力等均应与线路条件适应。

四、剩余电流动作保护装置的分类

剩余电流动作保护装置按保护功能和结构特征，大体上可分为四类。

1. 剩余电流(保护) 开关

剩余电流（保护）开关是由零序电流互感器、剩余电流脱扣器、主开关组装在绝缘外壳中，具有剩余电流保护以及手动通断电路的功能，它一般不具有过负载和短路保护功能。

2. 剩余电流动作断路器

剩余电流动作断路器是在断路器的基础上加装剩余电流保护部件构成，所以在保护上除具有一般断路器过负载及短路保护功能外，还具有剩余电流保护功能。某些剩余电流断路器就是在断路器外拼装剩余电流保护附件而组成。

3. 剩余电流继电器

剩余电流继电器由零序电流互感器和继电器组成。它只具备检测和判断功能。本身不直接开闭主电路。

4. 剩余电流保护插座

剩余电流保护插座是由剩余电流开关或剩余电流动作断路器与插座组合而成，使插座回路连接的设备具有剩余电流保护功能。

五、常用剩余电流动作保护装置

剩余电流动作保护装置正常工作条件的周围空气温度、海拔、大气条件均与低压断路器相同，安装场所不应有强磁场（安装场所的磁场任何方向都不应超过地磁场的 5 倍）。常用的主要有：DZL18—20 系列剩余电流动作保护开关；DZl5L、DZl5LE、DZl5LD 系列剩余电流动作保护断路器；Vigi C65 ELE 电子式剩余电流动作保护附件和 Vigi C65 ELM 电磁式剩余电流动作保护附件；JDl 系列剩余电流动作保护继电器；LDZ、DBK2 型剩余电流动作保护插座。

六、剩余电流动作保护装置安装和运行

1. 必须安装剩余电流动作保护装置的设备和场所

（1）末端保护：包括属于 I 类的移动式电气设备和手持式电动工具；生产用的电气设备；施工工地的电气机械设备；安装在户外的电气装置；临时用电的电气设备；机关、学校、宾馆、饭店、企事业单位和住宅等除壁挂式空调电源插座外的其他电源插座或插座回路；游泳池、喷水池、浴池的电气设备；医院中可能直接接触人体的电气医用设备；其他需要安装剩余电流动作保护装置的场所。

（2）线路保护。低压配电线路根据具体情况采用二级或三级保护时，在总电源端、分支线首端或线路末端（农村集中安装电能表箱、农业生产设备的电源配电箱）安装剩余电流动作保护装置。

2. 剩余电流动作保护装置的运行和管理

为了确保剩余电流动作保护装置的正常运行，必须加强运行管理。剩余电流动作保护装置投入运行后，运行管理单位应建立相应的管理制度，并建立动作记录。

（1）对使用中的剩余电流动作保护装置应定期用试验按钮检查其动作特性是否正常。用于手持电动工具和移动式电气设备和不连续使用剩余电流动作保护装置，应在每次使用前进行试验。因各种原因停运的剩余电流动作保护装置再次使用前，应进行通电试验，检查装置的动作情况是否正常。对已发现的有故障的剩余电流动作保护装置应立即更换。

（2）为检验剩余电流动作保护装置在运行中的动作特性及其变化，应定期进行动作特性试验。

（3）电子式剩余电流动作保护装置，根据电子元器件有效工作寿命要求，工作年限一般为 6 年。超过规定年限应进行全面检测，根据检测结果，决定可否继续使用。

（4）运行中剩余电流动作保护器动作后，应认真检查其动作原因，排除故障后再合闸送电。严禁退出运行、私自撤除或强行送电。

（5）剩余电流动作保护装置运行中遇有异常现象，应由专业人员进行检查处理，以免扩大事故范围。剩余电流动作保护装置损坏后，应由专业单位进行检查维护。

（6）在剩余电流动作保护装置的保护范围内发生电击伤亡事故，应检查剩余电流动作保护装置的动作情况，分析未能起到保护作用的原因，在未调查前，不得拆动剩余电流动作保护装置。

（7）对于保护器动作切断电源会造成事故或重大经济损失的电气装置或场所，应安装报警式漏电保护器。此类单位应有固定值班人员，及时处理报警故障，并应加强绝缘监督，减少接地故障。

第六章
电气防火与防爆

火灾和爆炸事故往往是重大的人身伤亡和设备事故。电气火灾和爆炸事故在火灾和爆炸事故中占有很大的比例。电气火灾与爆炸的原因很多。除设备缺陷、安装不当等设计和施工方面的原因外，电流产生的热量和火花或电弧是直接原因。

第一节 危险物质及危险环境

不同危险环境应当选用不同类型的防爆电气设备，并采用不同的防爆措施。因此，首先必须正确划分所在环境危险区域的大小和级别。

一、危险物质分类、分组

对危险物质进行分类、分组，目的是便于对不同的危险物质，采取有针对性的防范措施，下面就危险物质的分类、分组进行介绍。

1. 危险物质分类

爆炸危险物质分如下三类：
（1）Ⅰ类：矿井甲烷（CH_4）。
（2）Ⅱ类：爆炸性气体、蒸气。
（3）Ⅲ类：爆炸性粉尘、纤维或飞絮。

2. Ⅱ类、Ⅲ类爆炸性物质的进一步分类（级）

（1）对于Ⅱ类爆炸性气体，按最大试验安全间隙（MESG）和最小引燃电流（MICR）进一步划分为ⅡA、ⅡB和ⅡC三类。ⅡA、ⅡB和ⅡC对应的典型气体分别是丙烷、乙烯和氢气。其中，ⅡB类危险性大于ⅡA类；ⅡC类危险性大于前两者，最为危险。

（2）对于Ⅲ类爆炸性粉尘、纤维或飞絮，进一步划分为ⅢA、ⅢB和ⅢC三类。

ⅢA：可燃性飞絮。指正常规格大于 $500\mu m$ 的固体颗粒包括纤维，可悬浮在空气中，也可依靠自身重量沉淀下来。飞絮的实例包括人造纤维、棉花（包括棉绒纤维、棉纱头）、剑麻、黄麻、麻屑、可可纤维、麻絮、废打包木丝绵。

ⅢB：非导电粉尘。指电阻系数大于 $10^3\Omega\cdot m$ 的可燃性粉尘。

ⅢC：导电粉尘。指电阻系数等于或小于 $10^3\Omega\cdot m$ 的可燃性粉尘。

其中，ⅢB类粉尘危险性大于ⅢA类，而ⅢC类导电粉尘一旦进入电气装置外壳可直接产生电火花形成引燃源，其危险性又大于ⅢB类，是最为危险的粉尘。

3. Ⅱ类、Ⅲ类爆炸性物质的分组

Ⅱ类爆炸性气体、蒸气和Ⅲ类爆炸性粉尘、纤维或飞絮按引燃温度（自燃点）分组，分为6组：T1（450<T）、T2（300<T≤450）、T3（200<T≤300）、T4（135<T≤200）、T5（100<T≤135）、T6（85<T≤100）。

二、危险环境

对不同危险环境进行分区，目的是便于根据危险环境特点正确选用电气设备、电气线路及照明装置等的防护措施。

1. 爆炸性气体环境

爆炸性气体环境是指在一定条件下，气体或蒸气可燃性物质与空气形成的混合物，该混合物被点燃后，能够保持燃烧自行传播的环境。

（1）爆炸性气体环境危险场所分区，根据爆炸性气体混合物出现的频繁程度和持续时间，对危险场所分区，分为0区、1区和2区。

0区指正常运行时连续或长时间出现或短时间频繁出现爆炸性气体、蒸气或薄雾的区域，如油罐内部液面上部空间。

1区指正常运行时可能出现（预计周期性出现或偶然出现）爆炸性气体、蒸气或薄雾的区域，如油罐顶上呼吸阀附近。

2区指正常运行时不出现，即使出现也只可能是短时间偶然出现爆炸性气体、蒸气或薄雾的区域，如油罐外3m内。

（2）释放源的等级。释放源的等级和通风条件对分区有直接影响。其中释放源是划分爆炸危险区域的基础。释放源有如下几种情况：

①连续级释放源。连续释放、长时间释放或短时间频繁释放；

②一级释放源。正常运行时周期性释放或偶然释放；

③二级释放源。正常运行时不释放或不经常且只能短时间释放；

④多级释放源。包含上述两种以上特征。

2. 爆炸性粉尘环境

爆炸性粉尘环境是指在一定条件下，粉尘、纤维或飞絮的可燃性物质与空气形成的混合物被点燃后，能够保持燃烧自行传播的环境。

根据粉尘、纤维或飞絮的可燃性物质与空气形成的混合物出现的频率和持续时间及粉尘层厚度进行分类，将爆炸性粉尘环境分为20区、21区和22区。

（1）20区。在正常运行工程中，可燃性粉尘连续出现或经常出现其数量足以形成可燃性粉尘与空气混合物、可能形成无法控制和极厚的粉尘层的场所及容器内部。

（2）21区。在正常运行过程中，可能出现粉尘数量足以形成可燃性粉尘与空气混合物但未划入 20 区的场所。该区域包括：与充入或排放粉尘点直接相邻的场所、出现粉尘层和正常操作情况下可能产生可燃浓度的可燃性粉尘与空气混合物的场所。

（3）22 区。在异常情况下，可燃性粉尘云偶尔出现并且只是短时间存在、或可燃性粉尘偶尔出现堆积或可能存在粉尘层并且产生可燃性粉尘空气混合物的场所。如果不能保证排除可燃性粉尘堆积或粉尘层时，则应划为 21 区。

3. 火灾危险环境

火灾危险环境按下列规定分为 21 区、22 区和 23 区。

（1）21 区。具有闪点高于环境温度的可燃液体，在数量和配置上能引起火灾危险的环境。

（2）22 区。具有悬浮状、堆积状的可燃粉尘或纤维，虽不可能形成爆炸混合物，但在数量和配置上能引起火灾危险的环境。

（3）23 区。具有固体状可燃物质，在数量和配置上能引起火灾危险的环境。

第二节　防爆电器和防爆电气线路

一、防爆电气设备

1. 防爆电气设备类型

爆炸性环境用电气设备与爆炸危险物质的分类相对应，分为 I 类、II 类和III类。

（1）I 类电气设备。用于煤矿瓦斯气体环境。I 类防爆型式考虑了甲烷和煤粉的点燃及地下用设备的机械增强保护措施。

（2）II 类电气设备。用于煤矿甲烷以外的爆炸性气体环境。具体分为 II A、II B、II C 三类。II B 类的设备可适用于 II A 类设备的使用条件，II C 类的设备可用于 II A 或 II B。

（3）III类电气设备。用于爆炸性粉尘环境。具体分为III A、III B、III C 三类。III B 类的设备可适用于III A 设备的使用条件，III C 类的设备可用于III A 或III B 类设备的使用条件。

2. 设备保护等级（EPL）

引入设备保护等级（EPL）目的在于指出设备的固有点燃风险，区别爆炸性气体环境、爆炸性粉尘环境和煤矿有甲烷的爆炸性环境的差别。

用于煤矿有甲烷的爆炸性环境中的 I 类设备 EPL 分为 Ma、Mb 两级。

用于爆炸性气体环境的 II 类设备的 EPL 分为 Ga、Gb、Gc 三级。

用于爆炸性粉尘环境的III类设备的 EPL 分为 Da、Db、Dc 三级。

其中，Ma、Ga、Da 级的设备具有"很高"的保护等级，该等级具有足够的安全程度，使设备在正常运行过程中、在预期的故障条件下或者在罕见的故障条件下不会成为点燃源。对 Ma 级来说，甚至在气体突出时设备带电的情况下也不可能成为点燃源。

Mb、Gb、Db 级的设备具有"高"的保护等级，在正常运行过程中、在预期的故障条件下不会成为点燃源。对 Mb 级来说，在从气体突出到设备断电的时间范围内预期的故障条件下不可能成为点燃源。

Gc、Dc 级的设备具有爆炸性气体环境用设备。具有"加强"的保护等级，在正常运行过程中不会成为点燃源，也可采取附加保护，保证在点燃源有规律预期出现的情况下（例如灯具的故障），不会点燃。

3. 防爆电气设备防爆结构型式

（1）用于爆炸性气体环境的防爆电气设备结构型式及符号为：隔爆型（d）、增安型（e）、本质安全型（i，对应不同的保护等级 EPL 分为 ia、ib、ic）、浇封型（m，对应不同的保护等级 EPL 分为没 ma、mb、mc）、无火花型（nA）、火花保护（nC）、限制呼吸型（nR）、限能型（nL）、油浸型（o）、正压型（p，对应不同的保护等级 EPL 分为 px、py、pz）、充砂型（q）等设备。各种防爆型式及符号的防爆电气设备有其各自对应的保护等级，供电气防爆设计时选用。Ⅰ类、Ⅱ类防爆电气设备结构型式与设备保护等级（EPL）对应关系见表 6-1。

表 6-1 Ⅰ类、Ⅱ类防爆电气设备结构型式与设备保护等级（EPL）对应关系

型式	d	e	ia	ib	ic	ma	mb	mc	nA	nC	nR	nL	o	px	py	pz	q
EPL	Gb 或 Mb	Gb 或 Mb	Ga 或 Ma	Gb 或 Mb	Gc	Ga 或 Ma	Gb 或 Mb	Gc	Gc	Gc	Gc	Gb	Gb 或 Mb	Gb 或 Mb	Gc		Gb 或 Mb

（2）用于爆炸性粉尘环境的防爆电气设备结构型式及符号为：隔爆型（t，对应不同的保护等级 EPL 分为 ta、tb、tc）、本质安全型（i，对应不同的保护等级 EPL 分为 ia、ib、ic）、浇封型（m，对应不同的保护等级 EPL 分为 ma、mb、mc）、正压型（p）等设备。Ⅲ类防爆电气设备结构型式与设备保护等级（EPL）对应关系见表 6-2。

表 6-2 Ⅲ类防爆电气设备结构型式与设备保护等级（EPL）对应关系

型式	ta	tb	tc	ia	ib	ic	ma	mb	mc	p
EPL	Da	Db	Dc	Da	Db	Dc	Da	Db	Dc	Db 或 Dc

4. 防爆电气设备的标志

防爆电气设备的标志应设置在设备外部主体部分的明显地方，且应设置在设备安装之后能看到的位置。标志应包含：制造商的名称或注册商标、制造商规定的型号标识、产品编号或批号、颁发防爆合格证的检验机构名称或代码、防爆合格证号、Ex 标志、防爆结构型式符号、类别符号、表示温度组别的符号（对于Ⅱ类电气设备）

或最高表面温度及单位℃，前面加符号 T（对于Ⅲ类电气设备）、设备的保护等级（EPL）、防护等级（仅对于Ⅲ类，如 IP54）。

用于煤矿的电气设备，其环境中除了甲烷外还可能含有其他爆炸性气体（即除甲烷外）时，应按照Ⅰ类和Ⅱ类相应可燃性气体的要求进行制造和检验。该类电气设备应有相应的标志，如"Ex d Ⅰ / Ⅱ ₆T3"或者"Ex d Ⅰ / Ⅱ（NH3）"。

二、防爆电气线路

1. 线路敷设方式

电气线路应当考虑在爆炸危险性较小或距离释放源较远的位置敷设。

爆炸危险环境中电气线路主要有防爆钢管配线和电缆配线。固定敷设的电力电缆应采用铠装电缆。固定敷设的照明、通讯、信号和控制电缆可采用塑料护套电缆。非固定敷设的电缆应采用非燃性橡胶护套电缆。

爆炸危险环境不得明敷绝缘导体。

不同用途的电缆应分开敷设。

火灾危险环境可采用非铠装电缆配线、明设钢管配线、非燃性护套线配线、明设硬塑料管配线。

2. 隔离密封

敷设电气线路的沟道以及保护管、电缆或钢管在穿过爆炸危险环境等级不同的区域之间的隔墙或楼板时，应用非燃性材料严密堵塞。

3. 导线材料

爆炸危险环境应采用铜线。

在有剧烈振动处应选用多股铜芯软线或多股铜芯电缆。煤矿井下不得采用铝芯电力电缆。

在爆炸危险环境，低压电力、照明线路所用电线和电缆的额定电压不得低于工作电压，并不得低于 500V。中性线应与相线有同样的绝缘能力，并应在同一护套内。

4. 允许载流量

爆炸危险环境导线允许载流量不应高于非爆炸危险环境的允许载流量。1区、2区导体允许载流量不应小于熔断器熔体额定电流和断路器长延时过电流脱扣器整定电流的 1.25 倍，也不应小于电动机额定电流的 1.25 倍。

5. 电气线路的连接

爆炸危险环境的电气线路不允许有非防爆型中间接头。电缆线路不应有中间接头。

导线的连接或封端应采用压接、熔焊或钎焊，而不允许使用简单的机械绑扎或螺旋缠绕的连接方式。

第三节　电气防火防爆措施

一、消除或减少爆炸性混合物

消除或减少爆炸性混合物包括采取封闭式作业，防止爆炸性混合物泄漏；清理现场积尘，防止爆炸性混合物积累；设计正压室，防止爆炸性混合物侵入有引燃源的区域；采取开式作业或通风措施，稀释爆炸性混合物；在危险空间填充惰性气体或不活泼气体，防止形成爆炸性混合物；安装报警装置，当混合物中危险物品的浓度达到其爆炸下限的 10％时报警等措施。

二、隔离和间距

危险性大的设备应分室安装，并在隔墙上采取封堵措施。电动机隔墙传动、照明灯隔玻璃窗照明等都属于隔离措施。

三、消除引燃源

主要包括以下措施：
（1）按爆炸危险环境的特征和危险物的级别、组别选用电气设备和设计电气线路。
（2）保持电气设备和电气线路安全运行。安全运行包括电流、电压、温升和温度不超过允许范围，包括绝缘良好、连接和接触良好、整体完好无损、清洁、标志清晰等。
爆炸性气体危险环境电气设备的最高表面温度不得超过表 6-3 所列数值。
在爆炸危险环境应尽量少用携带式设备和移动式设备；一般情况下不应进行电气测量工作。

表 6-3　爆炸性气体环境电气设备最高表面温度

组别	T1	T2	T3	T4	T5	T6
最高表面温度 /℃	450	300	200	135	100	85

四、爆炸危险环境接地

爆炸危险环境接地应注意如下几点：
（1）应将所有不带电金属物件等电位联结。从防止电击考虑不需接地（接保护线）者，在爆炸危险环境仍应接地（接保护线）。例如，在非爆炸危险环境，干燥条件下交流 127V 以下的电气设备允许不采取接地或接保护线措施，而在爆炸危险环境，这些设备仍应接地或接保护线。
（2）如低压由接地系统配电，应采用 TN-S 系统，不得采用 TN-C 系统。即在爆炸危险环境应将保护线与中性线分开。保护导线的最小截面，铜导体不得小于 4 mm²、钢导体不得小于 6mm²。

（3）如低压由不接地系统配电，应采用 IT 系统，并装有一相接地时或严重漏电时能自动切断电源的保护装置或能发出声、光双重信号的报警装置。

五、电气灭火

发生电气火灾或火灾场所邻近带电设备时，火场环境增加了触电危险，在这样的环境实施火灾扑救工作，必须认清火场触电危险，并有针对地采取防范对策，才能有效保护扑救人员，避免发生触电事故。在扑灭电气火灾的过程中，注意防止充油设备爆炸。

1. 如火灾现场尚未停电，应设法切断电源

切断电源应注意以下问题：
（1）切断部位应选择得当，不得因切断电源影响疏散和灭火工作。
（2）在可能的条件下，先卸去线路负荷，再切断电源。
（3）因火烧、烟熏、水浇，电气绝缘可能大大降低，切断电源应配用绝缘的工具。
（4）应在电源侧的电线支持点附近剪断电线，防止电线断落下来造成电击或短路。
（5）切断电线时，应在错开的位置切断不同相的电线断防止切断时发生短路。

2. 防止触电

为了防止触电，应注意以下事项：
（1）不得用泡沫灭火器带电灭火；带电灭火应采用干粉、二氧化碳等灭火器。
（2）人和所带的器材与带电体之间保持足够的安全距离：干粉、二氧化碳等灭火器喷嘴至 10 Kv 带电体的距离不得小于 0.4m；用水枪带电灭火时，宜采用喷雾水枪，水枪喷嘴应接地，并应保持足够的安全距离。
（3）对架空线路等空中设备灭火时，人与带电体之间的仰角不应超过 45°，防止导线断落下来危及灭火人员的安全。
（4）如有带电导线断落地面，应在落地点周围设置警戒圈，防止可能的跨步电压电击。

3. 充油设备外部着火时，可用干粉等灭火器及时灭火

如火势较大，应切断电源，并可用水灭火。充油设备内部着火时，除应及时切断电源外，建有事故储油坑的应设法将油放进储油坑；可用喷雾水、泡沫等灭火。应注意防止燃着的油流顺电缆沟蔓延。电缆沟内的油火可用泡沫覆盖扑灭。

其他灭火方式包括使用七氟丙烷、固定式气熔胶、烟洛尽、SDE 固体灭火剂等来吸收热量，以降低燃烧区的温度实施灭火。

第七章
防雷和防静电

第一节　防雷

统计资料表明，我国每年将近上千人遭雷击死亡，雷击造成的直接经济损失近数10亿元；雷电灾害已成为危害程度仅次于暴雨洪涝、气象地质灾害的第三大气象灾害。

一、雷电

1.雷电的种类

（1）直击雷。

（2）闪电感应。

（3）球雷。

2.雷电危害的事故后果

雷电能量释放所形成的破坏力可带来极为严重的后果。

（1）火灾和爆炸。直击雷放电的高温电弧、二次放电、巨大的雷电流、球雷侵入可直接引起火灾和爆炸，冲击电压击穿电气设备的绝缘等可间接引起火灾和爆炸。

（2）触电。积云直接对人体放电、二次放电、球雷打击、雷电流产生的接触电压和跨步电压可直接使人触电；电气设备绝缘因雷击而损坏，也可使人遭到电击。

（3）设备和设施毁坏。雷击产生的高电压、大电流伴随的汽化力、静电力、电磁力可毁坏重要电气装置和建筑物及其他设施。

（4）大规模停电。电力设备或电力线路破坏后可能导致大规模停电。

二、防雷技术

1.防雷技术分类

防雷分为外部防雷和内部防雷以及防雷击电磁脉冲。

（1）外部防雷就是防直击雷，不包括防止外部防雷装置受到直接雷击时向其他物体的反击。

（2）内部防雷包括防雷电感应、防反击以及防雷击电涌侵入和防生命危险。

（3）防雷击电磁脉冲。

2. 防雷装置

防雷装置是指用于对建筑物进行雷电防护的整套装置，由外部防雷装置和内部防雷装置组成。

（1）外部防雷装置。指用于防直击雷的防雷装置，由接闪器、引下线和接地装置组成。外部防雷装置完全与被保护的建筑物脱离者称为独立的外部防雷装置，其接闪器称独立接闪器。

接闪杆（避雷针）、接闪带（避雷带）、接闪线（避雷线）、接闪网（避雷网）以及金属屋面、金属构件等均为常用的接闪器。

接闪器是利用其高出被保护物的地位，把雷电引向自身，起到拦截闪击的作用，通过引下线和接地装置，把雷电流泄入大地，保护被保护物免受雷击。

引下线是连接接闪器与接地装置的圆钢或扁钢等金属导体，用于将雷电流从接闪器传导至接地装置。引下线应满足机械强度、耐腐蚀和热稳定的要求。

接地装置是接地体和接地线的总和，用于传导雷电流并将其流散入大地。

除独立接闪杆外，在接地电阻满足要求的前提下，防雷接地装置可以和其它接地装置共用。

（2）内部防雷装置。由屏蔽导体、等电位连接件和电涌保护器等组成，由防雷等电位连接和与外部防雷装置的间隔距离组成。

（3）避雷器。避雷器是用来防护雷电产生的过电压沿线路侵入变配电所或建筑物内，以免危及被保护设备的绝缘。避雷器是并联在被保护设备或设施上，正常时处在不导通的状态。当出现雷击过电压时，避雷器的火花间隙就被击穿，避雷器由高阻变为低阻状态，使过电压对地放电，切断过电压，从而实现设备的保护。过电压终止后，避雷器迅速恢复不导通状态，使线路恢复正常工作。

避雷器的型式主要有阀型避雷器和氧化锌避雷器，目前应用较多的是氧化锌避雷器。

3. 防雷措施

雷电种类、建筑物的防雷类别等直接决定了所应采取的防雷措施及防雷性能参数要求。

（1）直击雷防护。直击雷防护的主要措施是装设接闪杆、架空接闪线（网）、接闪网（带）。

接闪杆分独立接闪杆和附设接闪杆。独立接闪杆是离开建筑物单独装设的，接地装置应当单设。

（2）感应雷防护。感应雷的防护主要有静电感应防护和电磁感应防护。

静电感应防护为了防止静电感应产生的过电压，建筑物内的设备、管道、构架、钢屋架、钢窗、电缆金属外皮等较大金属物和突出屋面的放散管、风管等金属物，均应接到防雷电感应的接地装置或与电气和电子系统的接地装置共用的接地装置上。

电磁感应防护为了防止电磁感应，平行敷设的管道、构架和电缆金属外皮等长金属物，其净距小于 100 mm 时，须用金属线跨接，跨接点之间的距离不应超过 30m；交叉相距小于 100 mm 时，交叉处应用金属线跨接。

此外，长金属物的弯头、阀门、法兰盘等连接处的过渡电阻大于 0.03 Ω 时，连接处也应用金属线跨接。在非腐蚀环境，对于不少于 5 根螺栓联接的法兰盘。

防电磁感应的接地装置也可与其他接地装置共用。

（3）雷电侵入波防护。主要措施如低压线路全线采用电缆直接埋地敷设，在入户端应将电缆的金属外皮、钢管接到防雷电感应的接地装置上；架空金属管道，在进出建筑物处，与防雷电感应的接地装置相连；当采用架空线供电时，在进户处装设一组低压避雷器并与绝缘子铁脚、金具连在一起接到电气设备的接地装置上等。

（4）人身防雷。为了防止直击雷伤人，雷雨天气尽量避免在野外逗留。应尽量离开山丘、海滨、河边、池旁，不要暴露于室外空旷区域。不要骑在牲畜上或骑自行车行走；不要用金属杆的雨伞，不要把带有金属杆的工具如铁锹、锄头扛在肩上。避开铁丝网、金属晒衣绳。如有条件应进入有防雷设施的建筑物内或金属壳的汽车和船只内。

为了防止二次放电（雷电反击）和跨步电压伤人，要远离建筑物的接闪杆及其接地引下线；远离各种天线、电线杆、高塔、烟囱、旗杆、孤独的树木和没有防雷装置的孤立小建筑等。

雷雨天气情况下，室内人身防雷应注意：

①人体应离开可能侵入雷电波的照明线、动力线、电话线、广播线、收音机和电视机电源线、收音机和电视机天线等 1.5 m 以上，尽量暂时不用电器，最好拔掉电源插头。

②不要靠近室内的金属管线，如暖气片、自来水管、下水管等，以防止这些导体对人体的二次放电。

③关好门窗，防止球形雷窜入室内造成危害。

第二节　防静电

静电现象是一种常见的带电现象，如电容器残留电荷、摩擦带电等。静电的产生、静电的危害及消除静电危害的措施。两种物质摩擦时，并且不断接触与分离，可产生较多的静电。

一、静电的危害

静电的危害方式有以下三种类型：

1. 爆炸或火灾

爆炸和火灾是静电最大的危害。静电电量虽然不大，但因其电压很高而容易发生放电，产生静电火花。在具有可燃液体的作业场所（如油品装运场所等），可能由静电火花引起火灾；在具有爆炸性粉尘或爆炸性气体、蒸气的场所（如煤粉、面粉、铝粉、氢气等），可能由静电火花引起爆炸。

2. 电击

由于生产工艺过程中产生的静电能量很小，所以由此引起的电击不致于直接使人致命。但人体可能因电击坠落摔倒引起二次事故。另外，电击还能引起工作人员精神紧张，影响工作。

3. 妨碍生产

在某些生产过程中，如不清除静电，将会妨碍生产或降低产品质量。例如，静电使粉体吸附于设备上，影响粉体的过滤和输送；在纺织行业，静电使纤维缠结、吸附尘土，降低纺织品质量；在印刷行业，静电使纸线不齐、不能分开，影响印刷速度和印刷质量；静电火花使胶片感光，降低胶片质量；静电还可能引起电子元件的误动作等。

三、消除静电危害的措施

清除静电危害的措施有接地、泄漏法、中和法和工艺控制法。

1. 接地

接地是采取接地、增湿、加入抗静电添加剂等措施使静电电荷比较容易泄漏、消散，以避免静电的积累，是消除静电危害最简单的方法。接地主要用来消除导电体上的静电，不宜用来消除绝缘体上的静电。单纯为了消除导电体上的静电，接地电阻 100Ω 即可。在有火灾和爆炸危险的场所，为了避免静电火花造成事故，应采取下列接地措施：

（1）凡用来加工、储存、运输各种易燃液体、气体和粉体的设备、储存池、储存缸以及产品输送设备、封闭的运输装置、排注设备、混合器、过滤器、干燥器、升华器、吸附器等都必须接地。如果袋形过滤器由纺织品类似物品制成，可以用金属丝穿缝并予以接地。

（2）厂区及车间的氧气、乙炔等管道必须连接成一个连续的整体，并予以接地。其他所有能产生静电的管道和设备，如空气压缩机、通风装置和空气管道，特别是局部排风的空气管道，都必须连接成连续整体，并予以接地。如管道由非导电材料制成，应在管外或管内绕以金属丝，并将金属丝接地。非导电管道上的金属接头也必须接地。可能产生静电的管道两端和每隔 200~300 m 外均应接地，平行管道相距 10 cm 以内时，每隔 20 m 应用连接线互相连接起来；管道与管道或管道与其他金属物件交叉或接近间距小于 10 cm 时，也应互相连接起来。

（3）注油漏斗、浮动缸顶、工作站台等辅助设备或工具均应接地。

（4）汽车油槽车行驶时，由于汽车轮胎与路面有摩擦，汽车底盘上可能产生危险的静电电压。为了导走静电电荷，油槽车应带金属链条，链条的上端和油槽车底盘相连，另一端与大地接触。

（5）某些危险性较大的场所，为了使转轴可靠接地，可采用导电性润滑油或采用滑环、碳刷接地。

静电接地装置应当连接牢靠，并有足够的机械强度，可以同其他目的接地用一套接地装置。

2. 泄漏法

采取增湿措施和采用抗静电添加剂，促使静电电荷从绝缘体上自行消散，这种方法称为泄漏法。

（1）增湿。增湿就是提高空气的湿度。这种消除静电危害的方法应用比较普遍。

（2）加抗静电添加剂。

（3）采用导电材料或纸绝缘材料。采用金属工具代替绝缘工具；在绝缘材料制成的容器内层，衬以导电层或金属网络，并予以接地；采用导电橡胶代替普通橡胶等，都会加速静电电荷的泄漏。

第八章
常用电工仪表及测量

用来测量电流、电压、电阻、功率、功率因数等电参数的仪器、仪表统称为电工仪表。电力系统中各种电气设备、元器件的运行状态的监视，故障的检查与排除都离不开电工仪表。

第一节 常用电工仪表概述

一、常用电工仪表的分类

1. 指示仪表

指示仪表的特点是将被测量转换为仪表可动部分的偏转角并通过指示器直接显示被测量的大小，故又称作直读式仪表。

2. 比较仪表

比较仪表是在测量过程中将被测量与同类标准量进行比较，然后根据比较结果来确定被测量的大小，例如直流电桥、交流电桥都属于比较仪表。

3. 数字仪表

数字仪表是利用数字电路测量技术并以数码的形式显示被测量的大小，例如数字电压表、数字万用表等。

二、电工仪表的标志

不同的电工仪表具有不同的技术特点，为了便于选择和正确使用仪表，通常用各种不同的符号来表示这些技术特性，并标注在仪表的面板上。常用电工仪表测量单位符号见表 8-1 及表 8-2。

表 8-1 常用电工仪表测量单位符号

名称	符号	名称	符号	名称	符号
千安	kA	兆欧	MΩ	千赫	kHz
安培	A	千欧	kΩ	赫兹	Hz

名称	符号	名称	符号	名称	符号
毫安	mA	欧姆	Ω	功率因数	cosΦ
微安	μA	毫欧	mΩ	千乏	Kvar
千伏	kV	微欧	μΩ	微法	μF
伏特	V	千瓦	kW	毫亨	mH
毫伏	mV	瓦特	W	千瓦时	kW·h

表 8-2 电工仪表常用图形符号

符　号	特　征	符　号	特　征
⌓	磁电系仪表	∠20°	表盘与水平面成20°角使用
⌓	磁电系比率计		1级防外电场
⌓	磁电整流系仪表	⌓	1级防外磁场
✕	电磁系仪表	Ⅳ Ⅳ	Ⅳ级防外电场及磁场
✕	电磁系比率计	Ⅲ Ⅲ	Ⅲ级防外电场及磁场
▭	电动系仪表	Ⅱ Ⅱ	Ⅱ级防外电场及磁场
⊙	感应系仪表	Ⓐ	A 组仪表
⊥	静电系仪表	Ⓑ	B 组仪表
—	直流表	Ⓒ	C 组仪表
∼	单相交流表	1.5	以标度尺量限百分数误差表示精度 1.5 级
≃	交直流两用表	(1.5)	以标度尺长度百分数误差表示精度 1.5 级
≋	三相交流表	1.5 ⌄	以指示值百分数误差表示精度 1.5 级
⌐	表盘水平使用	☆	不进行绝缘强度试验
⊥	表盘垂直使用（安装式）	☆	绝缘强度试验电压 2kV

第二节　常用便携式电工仪表

一、电压表

电压表用来测量电源或负载两端的电压，可分为交流电压表和直流电压表，分别用来测量交流电压和直流电压。

1. 电压表的接线

电压表有两个接线端，分别与被测量的两端连接。测量电源电压时与电源并联，测量负载两端电压时与被测量负载并联。如图 8-1 所示。

直流电压表两个接线端有"＋"、"－"符号（表示极性），测量时"＋"端接电路的高电位端，"－"端接电路的低电位端，如图 8-2 所示。

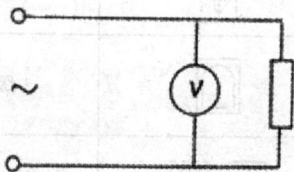

图 8-1　交流电压表接线　　　　图 8-2　直流电压表接线

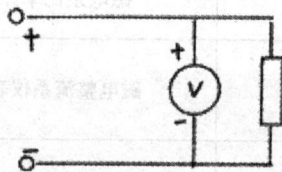

如扩大电压表的量程，测直流电压可采用串联分压电阻，测交流电压可接电压互感器，分别如图 8-3 与图 8-4 所示。

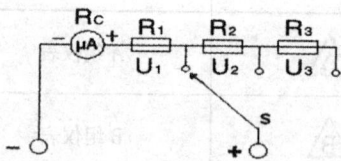

图 8-3　共用式分压电路　　　　图 8-4　电压互感器扩大电压表量程

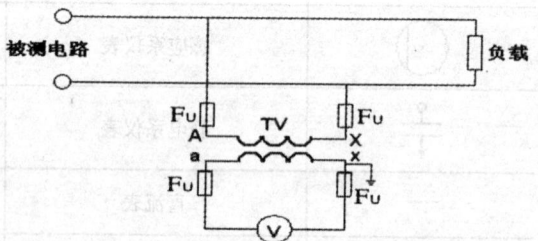

2. 电压表的正确使用

（1）正确选择电压表的量程，尽量使指针偏转至满刻度的 2/3 左右。量程过大，可能无法准确读数，误差也会加大；量程过小，指针可能冲过满刻度，损坏仪表。

（2）测量直流电压时，若事先不知道电压的极性，可用最大量程并将电压表的"－"

端先接电源"—"端，用"+"端轻点电源的另一端，如指针正向偏转，则说明接线正确，如指针反向偏转，则接线错误。

（3）测量电压时，应注意人体不能触及测试系统中导体的任何裸露部位，防止发生触电。

二、电流表

电流表用来测量电路的电流，同电压表一样，电流表也分为直流电流表和交流电流表。

电流表必须串联在被测电路中，以使电流表流过被测电路的电流，因此电流表的两个接线端必须串接在被测断开电路两端。

直流电流表的两个接线端也标有"+"和"—"符号，测量时电流应从"+"极流入、"—"极流出，否则指针会反向偏转。

交流电流表不分极性，只要串入电路即可。电流表的接线如图8-5和图8-6所示。

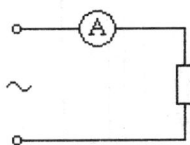
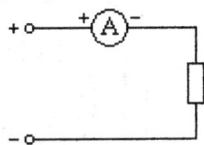

（a）　　　　　　　　　　　　（b）

图8-5 交流电流表接线　　图8-6 直流电流表接线

由于电流表是串联在电路中，因此电流表的内阻越小越好。

直流电流扩大量程采用并联分流电阻的方法，如图8-7所示。流过电流表的电流与流过分流电阻的电流成比例，则电流表即可按总电流值刻度。

交流电流表可通过电流互感器扩大量程，如图8-8所示。这时电流表的指示值是电流互感器一次边的电流值。

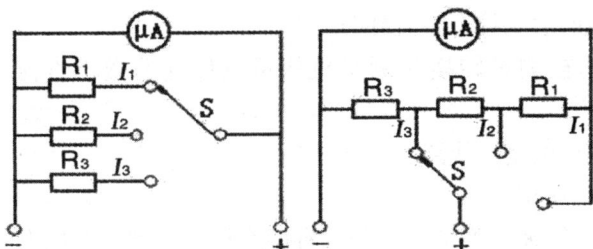
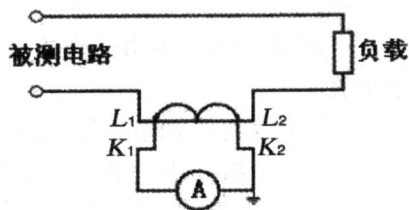

图8-7 多量程直流电流表原理电路图　　图8-8 电流互感器扩大电流表量程

除接线不同外，电流表的使用时量程的选择、极性的确定等均可参照电压表的正确使用方法。

三、万用表

万用表是一种可以测量多种电量且又具有多种量程的便携式仪表。万用表可以测量交、直流电压、直流电流及电阻。有的万用表还可以测量交流电流、音频电平等。万用表可分为模拟式（指针式）万用表和数字式万用表。图 8-9 为指针式万用表的外形。

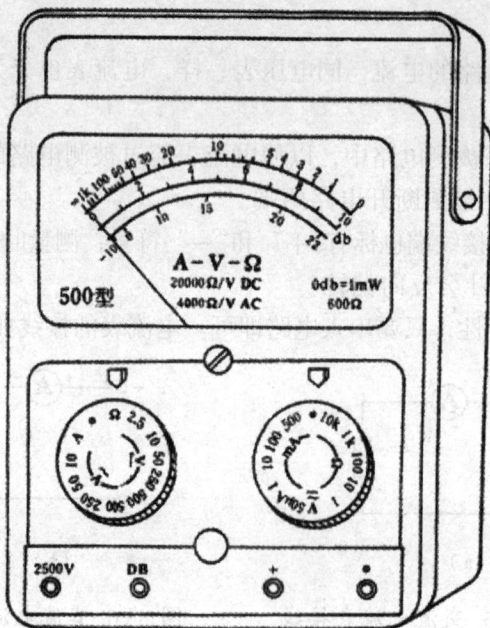

图 8-9 500 型万用表外形图

1. 模拟式（指针式）万用表

（1）模拟式万用表的组成：

测量机构（表头）。万用表通常采用磁电系微安表作表头，其作用是将各种被测量转换为测量机构的偏转角。测量交流时表头接有整流环节。

测量线路的作用是将各种不同的被测量转换为测量机构可以接受的微小直流电流。

转换开关将不同的被测量转换至相应的测量线路。

（3）模拟式（指针式）万用表的正确使用：

万用表有两个或两个以上的插孔，用来插测量线。若只有两个插孔，则一个标有"＋"孔插红表笔线，另一个标"－"孔插黑表笔线。若有多个插孔，则其中一个为公用端，标有"*"孔插黑表笔线，红表笔线则根据被测对象插相应的插孔。

一般万用表都有五个电阻测量档位：即 R×1、R×10、R×100、R×1k、R×10k。被测电阻的实际值应等于读数值乘以倍率，例如转换开关在 R×100 挡，指针指示值为 10 时，被测电阻的实际值应是 10×100 即 1000W。

测量电阻时选挡的原则是应使指针指在标尺的中心左右范围内，这时的精确度最高。常用万用表的型号有 MF50、500 型等。

2. 数字式万用表

数字万用表主要由数字式电压基本表（模拟调理）、测量线路（模数转换）、数码显示及量程转换开关等组成。数字式电压基本表相当于指针式万用表的测量机构。测量线路将被测的各种电量转换为微小的直流电压，供数字式电压基本表以数码的形式显示数值。转换开关的作用是接通不同的测量线路。图 8-10 为常用的 DT-830 式万用表的面板图。

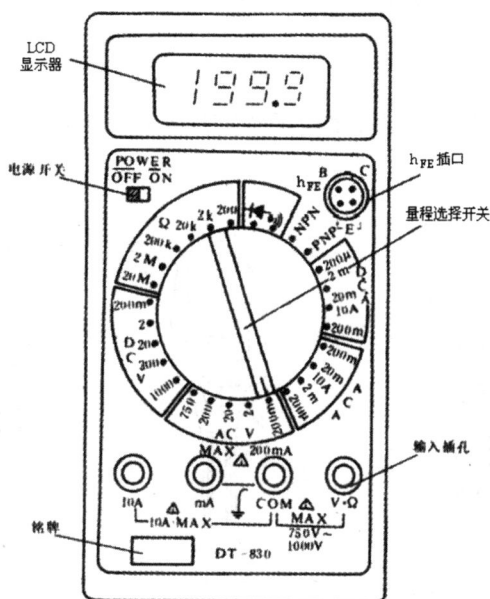

图 8-10 DT-830 型数字式万用表面板图

数字式万用表可以测量交直流电压、电流、电阻及三极管放大倍数等。数字式万用表通常具有自动调零和极性显示功能，测量时当被测电压、电流为负时。则在显示值前出现"—"号。当被测量大于仪表量程则显示屏左端显示"1"或"—1"。小数点由量程开关同步控制，使小数点左移或右移。

数字式万用表通常有四个插孔，黑表笔接"COM"，红表笔应根据被测量的类型选择相应的插孔。

数字式万用表的使用方法与模拟式万用表基本相同。但不同的是：用电阻挡测量晶体管应注意，红表笔接"V、Ω"插孔，带正电，黑表笔接"COM"插孔，带负电，与模拟式万用表正好相反。

数字式万用表使用完毕应将电源开关拨至"OFF"位以避免空耗电池，若长期不用，应将电池取出。

四、钳形电流表

钳形电流表是便携式电流表的一种，它的特点是可以在不切断电路的情况下测量流过电路的电流。

1. 钳形电流表的组成

常用的钳形电流表由电流互感器、整流系电流表及测量线路、转换开关构成。测量时，置于钳口铁心中的导线相当于电流互感器的一次绕组，当有电流流过一次绕组时，接于电流互感器二次边的电流便可指示一次电流的大小，电流表并联不同的分流电阻并由转换开关切换便可使电流表有多个量程。这种钳形电流表又称互感器式钳形电流表，一般只能测量工频交流电流。

2. 钳形电流表正确使用

钳形电流表使用方便，只要握紧把手使钳口张开，将被测导线置于钳口之内即可，如图 8-11 所示。

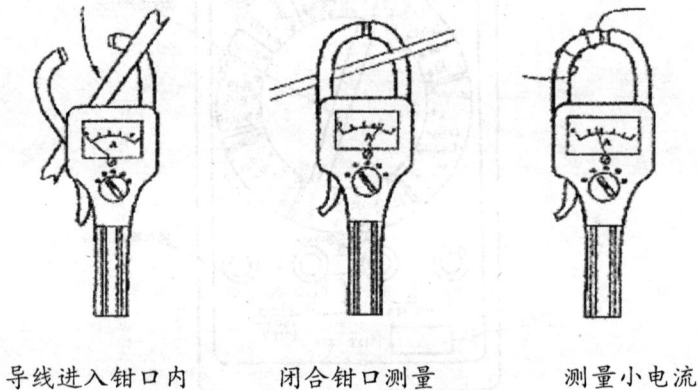

导线进入钳口内　　　闭合钳口测量　　　测量小电流

图 8-11　钳形电流表常规测量示意图

钳形电流表使用中应注意：

（1）根据被测电流大小适当选择量程，不知被测电流大小时应先用最大量程试测，再选合适量程。

（2）更换量程必须先将导线从钳口内退出。

（3）被测电流较小无法读数时，可将被测导线多绕几圈置入钳口，指示值除以钳口内导线圈数即为被测电流值。

五、兆欧表

机械式兆欧表俗称"摇表"，是电气测量中最常用的便携式仪表，主要测量电气设备的绝缘电阻。通过测量的绝缘电阻值，可以发现电气设备绝缘的赃污、异物、受潮、击穿等缺陷，从而判断电气设备是否能继续运行。

1.兆欧表的组成

机械式兆欧表主要由手摇直流发电机、磁电系比率计及测量线路组成。

摇动发电机时电压线圈（线圈2）中的电流基本不受被测绝缘的影响且驱动表针向无穷大方向偏转，电流线圈（线圈1）中的电流驱动指针向"0"方向偏转。电流的大小随被测电阻的大小变化，电阻越大，电流越小，指针则越向无穷大方向偏转。因此，指针偏转的角度可直接反映被测绝缘电阻的大小。

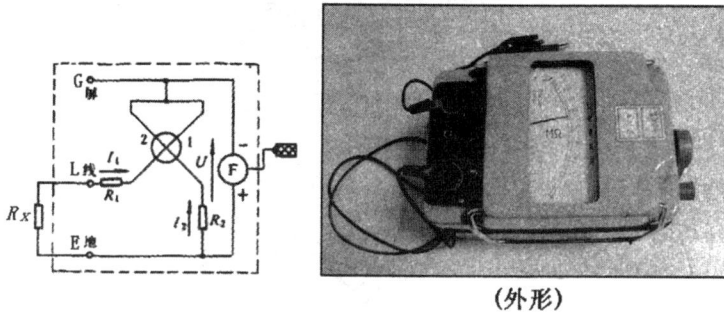

（外形）

图 8-12 兆欧表原理电路及外形图

2.兆欧表的选用

由兆欧表的工作原理可知，测量时将发电机的电压加在被测设备的绝缘介质上，因此兆欧表的额定电压应与被测设备的额定电压相适应，一般可按表8-3选用。兆欧表的有效指示范围应大于被测设备的绝缘电阻合格值。

表 8-3 兆欧表选用

测量设备	设备状况	测量部位	兆欧表电压等级 /V	对兆欧表的要求
低压电动机	新	各相绕组对机壳、各相绕组之间	1000	500MΩ 刻度
	运行中		500	
低压电力电容器	新	各极对外壳	1000	2000MΩ 刻度
	运行中		2000	1000MΩ 刻度
低压电力电缆	新或运行中	各极对外壳及其他相	1000	须连接 G 端
6~10kV 变压器	新或运行中	一次绕组对二次绕组及外壳	2500	须连接 G 端
		二次绕组对一次绕组及外壳	2500	—

六、接地电阻测量仪

1.接地电阻测量仪的组成

接地电阻测量仪由手摇交流发电机、电流互感器、带有刻度盘的电位器及检流计组成，并附有测量时应使用的二根辅助探针（电位探针和电流探针）及长度分别为5m、20m、40m的三根导线（长为5m的一根用于接地极，20m的一根用于电位探针、40m的一根用于电流探针）。

接地电阻测量仪分三接线端子和四接线端子两种，它们的使用方法基本相同。三接线端子的测量仪的端子名称分别是C、P、E，四接线端子的测量仪端子名称分别是P_1、P_2、C_1、C_2。图8-13是四接线端子接地电阻测量仪的外形图。

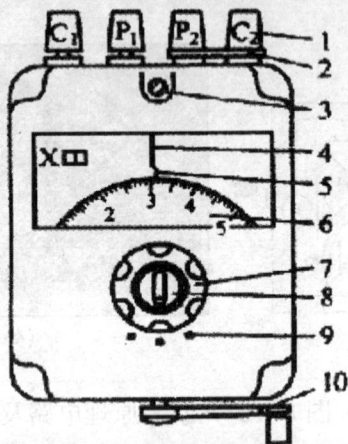

图8-13 接地电阻测量仪外形图

1—接线端子 2—连接片 3—检流计指针零位调整螺丝 4—检流计指针 5—基线
6—刻度盘 7—刻度盘调节旋钮 8—倍率选择旋钮 9—倍率档位标志 10—摇把

2. 接地电阻测量仪的正确使用

（1）检查测量仪外观应无缺陷，将仪器水平放置，检查检流计的指针是否指在零位上，如果有偏差可调节零位调整螺丝。

（2）接线如图8-14所示，两金属探针与接地装置成一直线并彼此相差20m。

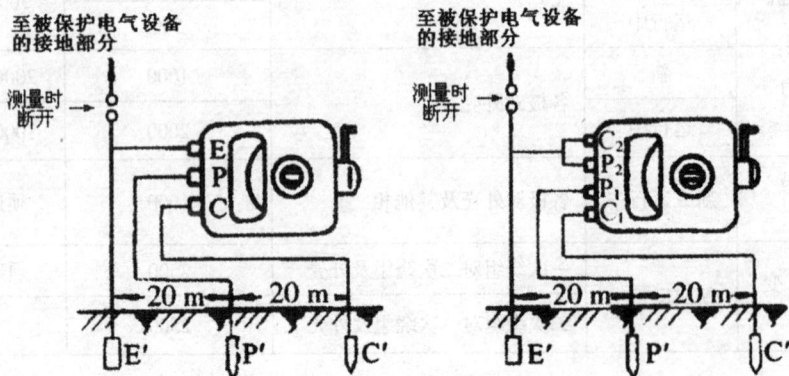

（a）   （b）

图8-14 接地电阻测量仪接线

第三节 电压和电流的测量

一、电流的测量

1. 仪表型式和量程的选择

（1）测量直流时，可使用磁电式、电磁式或电动式仪表。

（2）测量交流时，可使用电磁式、电动式等仪表。

（3）要根据待测电流的大小来选择适当的仪表。使被测的电流处于该电表的量程之内，如被测的电流大于所选电流表的最大量程，电流表就有因过载而被烧坏的危险。因此在测量之前，要对被测电流的大小有个估计，或先使用较大量程的电流表来试测，然后，再换用一个适当量程的仪表。

2. 测量电流的接线

（1）直流电流的测量。测量直流电流时，要注意仪表的极性和量程（见图8-15）。在用带有分流器的仪表测量时，应将分流器的电流端钮（外侧二个端钮）串接入电路中（见图8-16），电流表的表头引出的外附定值导线，接在分流器的电位端钮上。

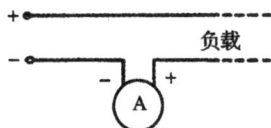

图 8-15 测直流电直接接入法　　　图 8-16 带有分流器的接入法

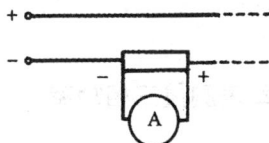

（2）交流电流的测量。测量单相交流电的接线如图8-17所示。在测量大容量的交流电时，常借助于电流互感器来扩大电表的量程，其接线方式如图8-18所示。

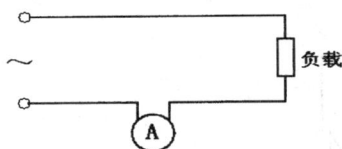

图 8-17 测交流电直接接入　　　图 8-18 通过电流互感器测量交流电流的接线图

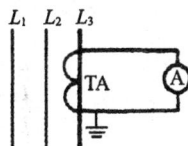

二、电压的测量

1. 电压表的型式和量程的选择

电压表的选择方式与电流表的选择方式相同，例如，根据被测电压的大小，选用伏特表或毫伏表。如选用量程低于被测电压的仪表，就可能使仪表损坏。

2. 接线方式

测量电路的电压时，应将电压表并联在被测负载或电源电压的两端，如图 8-19 所示。使用磁电式仪表测量直流电压时，要注意仪表接线钮上的"＋""－"极性，不可接错。

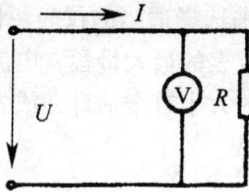

图 8-19 电压表的接线

第四节　功率表与电能表的接线及读表

一、用单相功率表测量三相功率

1. 测量三相四线负荷对称的三相电路功率

可用一只单相功率表 PW 测出，此时功率表的电流线圈通过一相电流，电压线圈接入相电压，读数是一相的有功功率，只要将这个读数乘以 3，即为三相负荷的总功率。接线如图 8-20 所示。

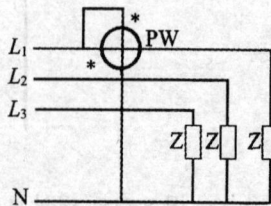

图 8-20 一只功率表测量接线图

2. 测量三相负荷不对称的三相四线制电路中的功率

需要用三只单相功率表来测量三相的总功率,接线如图 8-21 所示。每一只功率表分别测出每一相的有功功率,将三只功率表的读数相加,就是三相负荷的总功率。

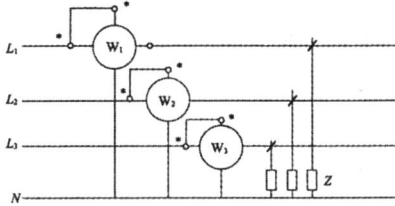

图 8-21 三只功率表测量接线图

3. 测量三相三线制电路中的功率

不论负荷是否对称,可用两只单相功率表便可测量三相总功率。

两只表的电流线圈分别串联接入任意两相电流,两只表的电压线圈的一端分别接在两只功率表电流线圈所在的一相,另一端接在没有接功率表的第三相,则两只功率表的读数之和就是三相负荷的总功率,接线如图 8-22 所示。

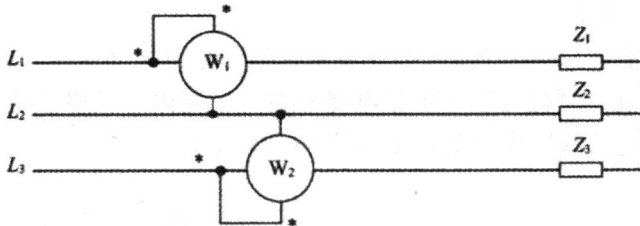

图 8-22 两只功率表测量接线图

二、用三相有功功率表测量三相有功功率

(1)三相三线制电路中,可采用三相二元件有功功率表。

(2)三相四线制电路中,可采用三相三元件有功功率表,将三只单相功率表的测量机构放在一个壳内,三个可动线圈作用于一个转轴,其指针读数为三相总功率。

(3)三相二元件和三元件有功功率表有七个接线柱,三个为电压接线柱,四个为电流接线柱,接线时应注意同名端及相序。

三、有功电能表

交流电能表是用来测量交流电能的感应系仪表,可分为单相电能表和三相电能表。

1. 单相有功电能表

单相电能表由电压元件、电流元件、铝盘、转轴、永久磁铁等元件组成。

单相电能表的接线如图 8-23 所示。接线时，电压线圈与电源并联，电流线圈与负载串联，电压线圈与电流线圈的同名端应接电源的同一极性。如负载电流过大，可采用电流互感器扩大电能表的量程，如图 8-24 所示。

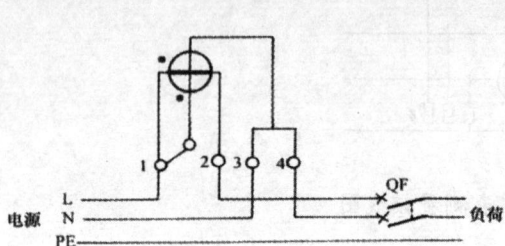

图 8-23 单相有功电能表直入式接线原理图　　图 8-24 单相有功电能表经互感器接线原理图

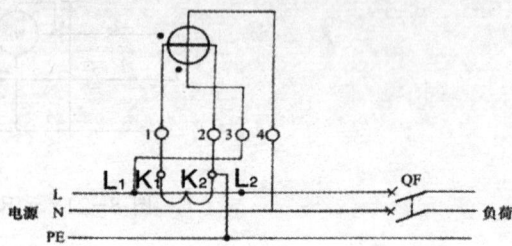

常用单相电能表的型号有：DD862—4、DD862a—4 等。

2. 三相有功电能表

三相电能表可分为三相三线电能表和三相四线电能表，分别用来测量三相三线系统和三相四线系统电能。

三相四线电能表有三组测量机构（其中两组测量机构共用一个铝盘），每组测量机构测量一相电能。可视为三个单相电能表在一个壳内。三相三线电能表有两组测量机构。三相电能表的接线如图 8-25 和图 8-26 所示。

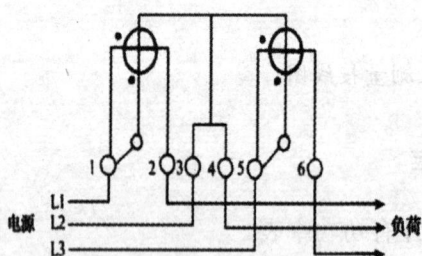

图 8-25 三相三线电能表的接线图　　图 8-26 三相三线电能表配电流互感器的连接图

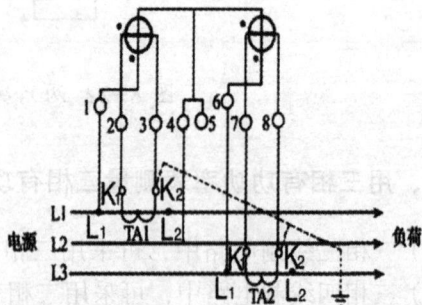

三相四线电能表的接线如图 8-27 和图 8-28 所示。

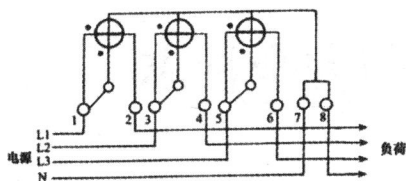

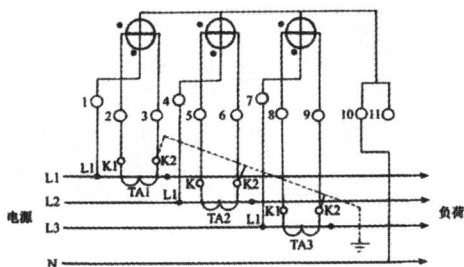

图 8-27 三相四线电能表直入式接线图　图 8-28 三相四线电能表配电流互感器的接线图

常用三相三线电能表的型号有 DS864—2、DS864—4 等，常用三相四线电能表的型号有 DT862—2、DT862—4 等。

3. 电能表的选用

（1）根据计量需求选择单相电能表、三相三线电能表或三相四线电能表。

（2）电能表的额定电压应与电源电压一致。

（3）电能表的额定电流应不小于被测电路的最大负荷电流。电能表铭牌上的额定电流通常标有两个数值，应以括号外的数值为准。

4. 智能电能表

与以往电能表相比，智能电能表新增了计量信息管理、用电信息管理、电费记账、用电量监控等新功能。

（1）原理。电子式智能电能表主要是由电子元器件构成，其工作原理是先对用户供电电压和电流进行实时采样，再采用专用的电能表集成电路对采样电压和电流信号进行处理，将其转换成与电能成正比的脉冲信号输出，最后通过单片机进行处理、控制，把脉冲显示为用电量并输出。其构成原理如图 8-29 所示。

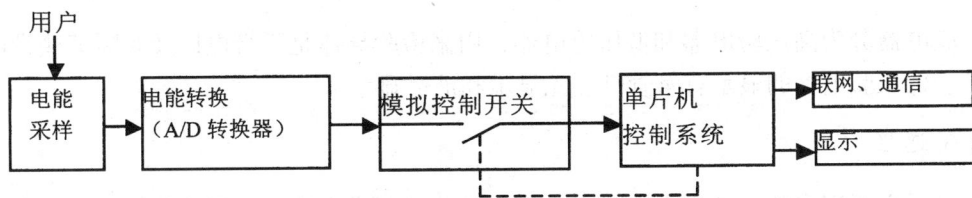

图 8-29 智能电能表构成原理图

（2）功能。智能电能表与管理中心计算机进行联网，计算机通过相应的智能电能表管理软件可对电表中的信息进行计算、统计、打印、参数设定及断送电等功能控制。这样，供电部门通过网络便可足不出户对用户进行抄表、断送电操作等，实现高效率、现代化的用电管理。

第九章
电工安全用具与安全标志

第一节　电工安全用具

电工安全用具是电工作业人员在安装、运行、维修等作业中用以防止触电、坠落、灼伤等危险事故的专用工具和用具。

一、电工安全用具种类及作用

1. 绝缘安全用具

绝缘安全用具包括绝缘手套、绝缘靴、鞋和绝缘台、垫等用具。绝缘安全用具分为基本安全用具和辅助安全用具。基本安全用具的绝缘强度能承受电气设备的工作电压，能直接接触带电体用来操作电气设备，对低压带电作业而言，带有绝缘柄的工具、绝缘手套均属于此类；辅助安全用具的绝缘强度不足以承受电气设备的工作电压，只能用于加强基本安全用具的作用，绝缘靴、鞋和绝缘台、垫等均属于此类。

绝缘手套、绝缘靴用橡胶制成，二者都隶属辅助安全用具，但绝缘手套在低压带电作业中可作为基本安全用具，而在高压作业中只能作为辅助安全用具。

绝缘垫和绝缘站台只作为辅助安全用具。

2. 验电器

验电器分为高压验电器和低压验电器，用来检验导体是否带电以及判断某些带电特征。低压验电器的显示有氖管灯发光显示和液晶显示。

3. 遮栏

遮栏主要用来防止工作人员无意碰到或过分接近带电体，也用作检修安全距离不够时的安全隔离装置。遮栏用干燥的木材或其他绝缘材料制成。在过道和入口等处可装用栅栏。遮栏和栅栏必须安装牢固，并不得影响工作。遮栏高度及其与带电体的距离应符合屏护的安全要求。

4. 标示牌

标示牌用绝缘材料制成。其作用是警告工作人员不得过分接近带电部分，指明工作人员准确的工作地点，提醒工作人员应当注意的问题，以及禁止向某段线路送电等。

标示牌种类很多，标示牌的式样和悬挂位置见表9-1。

表 9-1 标示牌

名称	悬挂位置	式样和要求		
		尺寸/ mm×mm	底色	字色
禁止合闸 有人工作！	一经合闸即可送电到施工设备的 开关和刀闸操作手柄上	200×100 和 80×50	白色	红字
禁止合闸 线路有人 工作！	一经合闸即可送电到施工线路的 线路开关和刀闸操作手柄上	200×100 和 80×50	红色	白字
禁止攀登， 高压危险！	工作人员上下铁架临近工作地点 另外可能误上的铁架上；运行中 变压器的梯子上	250×200	白底红边	黑字
在此工作！	室外或室内工作地点或施工设备上	250×250	绿底，中 有直径 210mm 的 白圆圈	黑字，写于白圆圈中
从此上下！	工作人员上下的铁架、梯子上	250×250	绿底，中 有直径 210mm 的 白圆圈	黑字，写于白圆圈中
已接地！	悬挂在已接地线设备、线路的开 关和刀闸操作手柄上	200×100	绿底	黑字
止步，高 压危险！	施工地点邻近带电设备的遮栏 上；室外工作地点的围栏上；禁 止通行的过道上，工作地点邻近 带电设备的横梁上	250×200	白底红边，	黑字，有红色箭头

5. 登高安全用具

登高安全用具包括梯子、高凳、脚扣、登高板、安全腰带等专用用具。

梯子和高凳应坚固可靠，应能承受工作人员及其所携带工具的总重量。梯子分人字梯和靠梯两种。为了防滑，在光滑地面上使用的梯子，梯脚应加绝缘套或橡胶垫；在泥土地面或冰面上使用的梯子，梯脚应加铁尖。

脚扣是登杆用具。其主要部分用钢材制成。水泥杆用脚扣的半圆环和根部装有橡胶套或橡胶垫起防滑作用。木杆用脚扣的半圆环和根部均有突出的小齿，以刺入木杆起防滑作用。

登高板也是登高安全用具，主要由坚硬的木板和结实、柔软的绳子组成。

安全腰带是防止坠落的安全用具。安全腰带用皮革、帆布或化纤材料制成。安全腰带有两根带子，长的绕在电杆或其他牢固的构件上起防止坠落的作用，短的系在腰部偏下部位起人体固定作用。安全腰带的宽度不应小于60mm。绕电杆带的单根拉力不应小于 2206N。

二、电工安全用具试验

防止触电的安全用具的试验包括耐压试验和泄漏电流试验。除几种辅助安全用具要求作两种试验外，一般只要求作耐压试验。使用中安全用具的试验内容、标准、周期见表9-2。

表9-2 安全用具试验标准

名　称	电压 /kV	试验标准			试验周期 / 年
		耐压试验电压 /kV	耐压试验持续时间 /s	泄漏电流 /mA	
绝缘手套	低压	2.5	60	≤ 2.5	0.5
绝缘鞋	1 及以下	3.5	60	≤ 2	0.5
绝缘垫	1 及以下	5	速度拉过	≤ 5	2
绝缘站台	各种电压	45	120	—	3
绝缘柄工具	低压	3	60	—	0.5

登高作业安全用具的试验主要是拉力试验。其试验标准列入表9-3。试验周期均为半年。

表9-3 登高作业安全用具试验标准

名　称	安全腰带		安全绳	登高板	脚扣	梯子
	大带	小带				
试验静拉力 /N	2206	1471	2206	2206	1471	1765（荷重）

第二节　绝缘安全用具使用的基本方法

绝缘安全用具分为两种：一是基本绝缘安全用具；二是辅助绝缘安全用具。低压设备的基本绝缘安全用具有绝缘手套、装有绝缘柄的工具和低压试电笔等；低压设备的辅助绝缘安全用具有绝缘台、绝缘垫及绝缘鞋（靴）等。

一、验电器

为能直观地确定设备、线路是否带电，使用验电器检测是一种既方便又简单的方法。

低压验电器俗称电笔，其结构如图9-1所示。

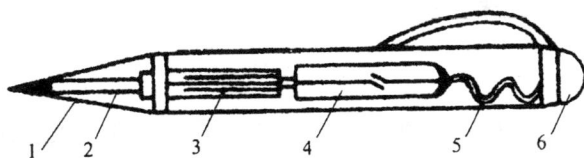

图 9-1 低压验电器结构图

验电笔只能在 380V 及以下的电压系统和设备上使用，当用验电笔的笔尖接触低压带电设备时，氖灯即发出红光。电压愈高发光愈亮，电压愈低发光愈暗。因此从氖灯发光的亮度可判断电压高低。

1. 验电器的几种用法

（1）相线与中性线的区别：在交流电路里，当验电器触及导线（或带电体）时，发亮的是相线，正常情况下，中性线不发亮。

（2）交流电与直流电的区别：交流电通过验电笔时，氖管里的两个极同时发亮。直流电通过验电笔时，氖管里只有一个极发亮。

（3）直流电正负极的区别：把验电笔连接在直流电极上，发亮的一端（氖灯电极）为负极。

（4）正负极接地的区别：发电厂和电网的直流系统是对地绝缘的。人站在地上，用验电笔去触及系统的正极或负极，氖管是不应该发亮的。如果发亮，说明系统有接地现象。如亮点在靠近笔尖一端，则是正极有接地现象。如果亮点在靠近手指的一端，则是负极有接地现象。若接地现象微弱，不能达到氖管的起辉电压时，虽有接地现象，氖管仍不会发亮。

（5）电压高低的区别：一支自己经常使用的验电笔，可以根据氖管发亮的强弱来估计电压的大约数值。因为在验电笔的使用电压内，电压越高，氖管越亮。

（6）相线碰壳：用验电笔触及电气设备的外壳（如电动机，变压器外壳等），若氖管发亮，则是相线与壳体相接触（或绝缘不良），说明该设备有漏电现象，如果在壳体上有良好的接地装置，氖灯不会发亮。

（7）相线接地：用验电笔触及三相三线制星形接法的交流电路，有两根比通常稍亮，而另一根暗一些，说明较暗的相线有接地现象。如果两根很亮，而另一相几乎看不见亮或不亮，说明这一相有金属接地。在三相四线制电路中，当单相接地后，中性线用验电笔测量时，也会发亮。

（8）设备（电动机、变压器等）各相负荷不平衡或内部匝间、相间短路及三相交流电路中性点移位时，用验电笔测量中性点，就会发亮。这说明该设备的各相负荷不平衡，或者内部有匝间或相间短路。上述现象，只在故障较为严重时才能反映出来。因为验电笔要达到一定程度的电压以后，才能起辉。

（9）线路接触不良或不同电气系统互相干扰时，验电笔触及带电体氖灯闪亮，则可能是线头接触不良，也可能是两个不同的电气系统互相干扰。这种闪亮现象，在照明灯上能很明显地看出来。

2. 组合验电器

组合验电器是由电工常用的部分工具组合而成，其中包括有低压验电器、"一"形螺丝刀、"十"形螺丝刀、扁圆锉、圆锥钻及木工扩孔钻等，用一塑料布袋组合而成。规格见表9-4。组合验电器具有工具全和携带方便的优点，最适合于电工安装低压线路及维修电器用。

表 9-4 组合验电器规格与参数

型号	测量电压范围 /V	主要尺寸 /mm			氖气管长度 /mm	炭质电阻	
		柄长	接件长	总长		长度 /mm	功率 /W
320	100 ~ 1000	85	110 ± 3	190 ± 3	32 ± 2	10 ± 1	1

二、绝缘手套和绝缘靴

1. 绝缘手套

绝缘手套是用绝缘性能良好的特种橡胶制成，要求薄、柔软，有足够的绝缘强度和机械性能。

绝缘手套可以使人的两手与带电体绝缘，防止人手触及同一电位带电体或同时触及不同电位带电体而触电，按所用的原料可分为橡胶和乳胶绝缘手套两大类。

绝缘手套的规格有 12Kv 和 5Kv 两种。12Kv 绝缘手套，在 1Kv 以下电压区作业时，可用作基本安全用具，即戴手套后，可以接触 1Kv 以下的有电设备（人身其他部分除外）。5Kv 绝缘手套，适用于电力工业、工矿企业和农村中一般低压电气设备。在电压 1Kv 以下的电压区作业时，用作辅助安全用具；在对地电压 250V 以下电压区作业时，可作为基本安全用具。

2. 绝缘靴（鞋）

绝缘靴（鞋）的作用是使人体与地面绝缘，可用于防止跨步电压触电。绝缘靴（鞋）只能作为辅助安全用具。

绝缘靴（鞋）有 20Kv 绝缘短靴、6Kv 矿用长筒靴和 5Kv 绝缘鞋。如图 9—2 和图 9-3 所示。20Kv 绝缘靴的绝缘性能强，但不能作为基本安全用具，穿靴后仍不能用手触及带电体。6Kv 长筒靴适于井下采矿作业，在操作 380V 及以下电压的电气设备时，可作为辅助安全用具，特别是在低压电缆交错复杂、作业面潮湿或有积水、电气设备容易漏电的情况下，可用绝缘长筒靴防止脚下意外触电事故。5Kv 绝缘鞋也称电工鞋，单鞋有高腰式（同农田鞋）和低腰式（同解放鞋）两种；棉鞋有胶鞋式和活帮式两种。按全国统一鞋号，规格有 22 号（35 码）至 28 号（45 码）。5Kv 绝缘鞋适用于电工穿用，在电压 1Kv 以下为辅助安全用具，1Kv 以上高压操作禁止使用（应使用绝缘靴）。在 5Kv 以下的户外变电所，绝缘靴可用于防跨步电压（即当电气设备碰壳或线路一相接地时，人的两脚站立处之间呈现的电位差）对人体的危害。

图 9-2 6Kv 矿用长筒靴   图 9-3 5Kv 绝缘鞋

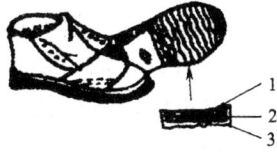

1—海绵层　2—绝缘层　3—大底及外围条

各种绝缘靴（鞋）的外观、色泽应与其他防护靴（鞋）或日常生活靴（鞋）有显著的区别，并应在明显处标出"绝缘"和耐压等级（试验电压和使用电压），以利识别，防止错用。

三、绝缘垫和绝缘台

1. 绝缘垫

绝缘垫是一种辅助安全用具，一般铺在配电室的地面上，以便在带电操作断路器或隔离开关时增强操作人员的对地绝缘，防止接触电压与跨步电压对人体的伤害。绝缘垫应定期进行绝缘试验。

2. 绝缘台

绝缘台是一种辅助安全用具，可用来代替绝缘垫或绝缘靴。绝缘台可用于室内或室外的一切电气设备。当在室外使用时，应将其放在坚硬的地面上，附近不应有杂草，以防绝缘瓷瓶陷入泥中或草中，降低绝缘性能。

绝缘台的试验电压为 40Kv，加压时间为 2min。定期试验一般每 3 年进行一次。

第三节　安全色和安全标志

一、安全色

安全色是表达安全信息含义的颜色，表示禁止、警告、指令、提示等。国家规定的安全色有红、蓝、黄、绿四种颜色。红色表示禁止、停止；蓝色表示指令、必须遵守的规定；黄色表示警告、注意；绿色表示指示、安全状态、通行。

为使安全色更加醒目的反衬色叫对比色。国家规定的对比色是黑白两种颜色。

安全色与其对应的对比色是：红—白、黄—黑、蓝—白、绿—白。

黑色用于安全标志的文字、图形符号和警告标志的几何图形。白色作为安全标志红、蓝、绿色的背景色，也可用于安全标志的文字和图形符号。

在电气上用黄、绿、红三色分别代表 L1、L2、L3 三个相序；涂成红色的电器外壳是表示其外壳有电；灰色的电器外壳是表示其外壳接地或接保护线；线路上淡蓝色代表中性线；明敷接地扁钢或圆钢涂黑色。用黄绿双色绝缘导线代表保护线。直流电中红色代表正极，蓝色代表负极，信号和警告回路用白色。保护中性线（PEN）为竖条间隔淡蓝色。

二、安全标志

安全标志是提醒人员注意或按标志上注明的要求去执行，保障人身和设施安全的重要措施。安全标志一般设置在光线充足、醒目、稍高于视线的地方。

对于隐蔽工程（如埋地电缆）在地面上要有标志桩或依靠永久性建筑挂标志牌，注明工程位置。

对于容易被人忽视的电气部位，如封闭的架线槽、设备上的电气盒，要用红漆画上电气箭头。

另外在电气工作中还常用标志牌，以提醒工作人员不得接近带电部分、不得随意改变刀闸的位置等。

移动使用的标志牌要用硬质绝缘材料制成，上面有明显标志，均应根据规定使用。

第十章
常用电工工具、手持电动工具及
移动式电气设备

第一节　常用电工工具

一、电工作业常用工具

电工常用工具包括验电器、钢丝钳、电工刀、扭矩扳手、扳手、电烙铁、压接钳、电钻、喷灯、游标卡尺等工具。电工应能安全、熟练地使用各种电工工具。使用各种工具前均应检查其是否完好。

1. 电工用钳

电工用钳有钢丝钳、尖嘴钳、偏口钳、剥线钳等多种钳。电工用钳是手柄带有绝缘护套的钳，由钳头和钳柄组成。手柄绝缘耐压为 500V。

（1）电工用钢丝钳。电工用钢丝钳的规格以其全长表示，常用的规格有 150mm、175mm、200mm 三种。电工钢丝钳的主要工作部分是钳头的钳口、齿口、刀口和侧口。钳口可用来弯绞或钳夹导线线头，齿口可用来拧螺母，刀口可用来剪切导线或剥离软导线绝缘层，侧口可用来剪切电线线芯等硬金属丝。电工钢丝钳手柄绝缘必须保持良好；用电工钢丝钳剪断带电导线时，不得用来同时剪切两根以上的导线，而应先剪断相线，后剪断中性线。

（2）尖嘴钳。电工用尖嘴钳的规格以全长表示，常用的规格有 140mm 和 180mm 两种。尖嘴钳主要用来剪断较细的导线和金属丝，弯绞导线线头，将单股导线弯成一定圆弧的接线鼻子，并可用来夹持、安装较小的螺钉、垫圈等。其安全要求与钢丝钳相同。

（3）偏口钳。偏口钳主要用来切断单股或多股导线，其安全要求与钢丝钳相同。

（4）剥线钳。剥线钳的钳口有 0.5 ~ 3mm 多个不同孔径的刃口。使用时，将导线放入剥线钳相应的刃口内，用力握钳柄，导线的绝缘层即被割断、弹出。所选的刃口应略大于芯线直径，以免剪断线芯。其安全要求与钢丝钳相同。

2. 电工刀

电工刀主要用来剖削电线、电缆绝缘层，切割木台缺口、削制木桩，以及切削软金属。

使用电工刀时应将刀口朝外剖削。剖削导线绝缘层时，为防止割伤导线，刀面与导线的角度不得过大，切入时约45°，推削时约25°。

电工刀刀柄没有绝缘保护，不能在带电导线或器材上剖削；使用时应注意防止伤手；用毕应及时将刀刃折进刀柄内。

3. 电工扭矩扳手

扭矩扳手是用来紧固、拆卸螺钉的工具。按头部形状分为一字形扭矩扳手和十字形扭矩扳手。电工扭矩扳手与木工扭矩扳手及其他扭矩扳手不同的是电工扭矩扳手的手柄与金属工作部分是绝缘的。有的扭矩扳手还具有验电笔功能。

为了不损坏螺钉及相关部件，应根据螺钉的大小选用合适的规格的扭矩扳手。使用扭矩扳手时，手指不得触及金属工作部分。电工扭矩扳手的金属工作部分宜套上绝缘管。

4. 扳手

扳手是用来紧固、拆卸螺纹连接的工具。扳手种类很多，有活扳手、呆扳手、梅花扳手、套筒扳手、内六角扳手等扳手。

活扳手由头部和柄部组成。头部由活扳唇、呆扳唇、蜗轮等组成。旋动蜗轮可调节扳口的大小。它的开口宽度可在一定范围内调节，其规格以长度乘最大开口宽度来表示。电工常用的活扳手有 150mm×19mm、200mm×24mm、250mm×30mm 和 300mm×36mm 四种规格。呆扳手的扳口不能调节。其规格用扳口表示。梅花扳手都是双头扳手。其工作部分为封闭圆环，圆环内分布了 12 个可与六角头螺钉或螺母相配的牙。梅花扳手适应于工作空间狭小的场合。套筒扳手是由一套尺寸不同的梅花套筒头和配套的手柄组成，可用于一般扳手难以接近的场合。内六角扳手是用于旋动内六角螺钉的扳手。

为防止打滑，所选用扳手的扳口应与螺钉或螺母良好配合；应收紧活扳手的活扳唇。扳动大螺母时，手应握在手柄尾部；扳动较小螺母时，为防止滑扣，手应握在近手柄中部或头部。活扳手不可反用，不可用钢管来接长手柄来加大的扳拧力矩。活扳手不得代替撬棒或手锤使用。

5. 凿

电工用凿主要用来在建筑物上打孔，以便安装电线管或电器的支座。电工用凿有麻线凿、小扁凿、大扁凿、长凿等。

麻线凿用来凿制混凝土建筑物的安装孔。小扁凿和大扁凿主要用来凿制砖结构建筑物的安装孔。长凿主要用于较厚墙壁凿孔。用于混凝土结构凿孔的长凿多用实心中碳钢制成，用于砖结构凿孔的长凿由无缝钢管制成。

凿孔时，应不断转动凿子，使灰沙碎石及时排出，应注意防止建筑材料的碎屑伤害眼睛。应当说明由于冲击电钻的广泛使用，非特殊场合"凿"的使用非常少。

6.冲击电钻和电锤

冲击电钻有两种功能：调整到"钻"的位置时用作普通电钻；调整到"锤"的位置时具有冲击锤的作用，用来在砖结构或混凝土结构建筑物钻孔、凿眼。在混凝土、砖结构建筑物上打孔耐须用冲击钻头。一般的冲击电钻都装有辅助手柄。其最大钻头一般不超过20mm。有的冲击电钻可调节转速。

电锤是一种具有旋转、冲击复合运动机构的电动工具。电锤冲击力比冲击电钻的大，工效高，可用来在混凝土、砖石结构建筑物上钻孔、凿眼、开槽，且不受方向限制。常用电锤钻头直径为16mm、22mm、30mm等。

长期未使用的冲击电钻和电锤，使用前应测量绝缘电阻。冲击电钻和电锤的电源线必须是橡皮套软电缆。电源线不应被挤压、缠绕。必须在断电状态下调节冲击电钻转速。在建筑物钻孔时应间隙把钻头从钻孔中抽出以排除灰沙碎石。使用冲击电钻钻孔遇到坚硬物体时，不能施加过大压力，以防钻头退火或冲击钻因过载而损坏。操作中冲击电钻和电锤因故突然堵转时，应立即切断电源。使用电锤时，应握住两个手柄，垂直向下钻孔无需用力；向其他方向钻孔也不能用力过大。操作时，应注意防止建筑材料的碎屑伤害眼睛。

用冲击在砖石建筑物上钻孔时要戴护目镜，防止砂石灰尘溅入眼睛；冲击电钻和电锤的高速运动部件之间应保持润滑良好。

7.压接钳

压接钳是用于导线连接的工具。几种压接钳的外形如图10-1所示。

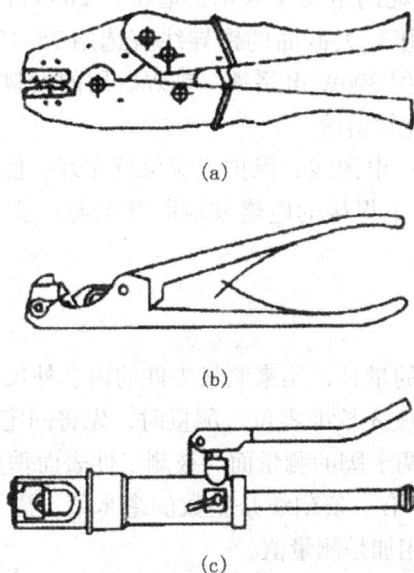

(a)

(b)

(c)

图10-1 压接钳

（a）阻尼式压力钳 （b）手动导线压接钳 （c）手提式油压钳

手动阻尼式压力钳利用两级杠杆原理工作，适用于单芯铜、铝导线用压线帽的压接。压模应与导线和压线帽的规格相符。为了便于压实导线，压线帽内应用同材质、同线径的线芯插入填实。

手动导线压接钳也利用杠杆原理工作，多用于截面 35mm² 以下的导线接头的钳接管压接。手提式油压钳用于截面 16mm² 及以上的导线的钳接管压接。

压接接头如图 10-2 所示。导线的压接，不论手力压接还是其他方式压接，除了选择合适的压模外，还应按照一定的顺序施压，且压力适当。图中，1、2、3、4、5、6 表示钳压顺序。

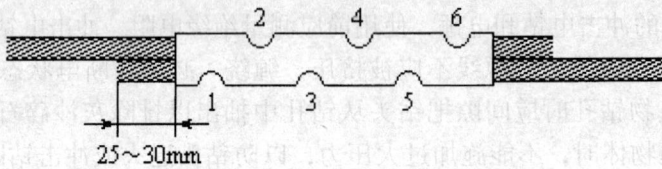

图 10-2 压接接头

8. 电烙铁

电烙铁是钎焊（锡焊）工具，用于铜、铜合金、薄钢板等材料的焊接。电烙铁由手柄、电热元件和铜头等组成。按铜头加热方式分为有内热式电烙铁和外热式电烙铁。内热式电烙铁的热效率较高。

电烙铁的规格用所消耗的电功率表示，通常在 20~300W 之间。焊接电子线路宜选用 20~40W 电烙铁；焊接较大截面的铜导线宜选用 75~150W 电烙铁；对面积较大的工件进行搪锡处理需选用 300W 电烙铁。钎焊所用的材料是焊锡和焊剂。常用的焊剂有松香液、焊锡膏、氯化锌溶液。

电烙铁必须接保护线；电源线、保护线应保持完好；使用中的电烙铁不能放在可燃物上；使用中较长时间不焊接的电烙铁应断开电源；使用中应注意防止电烙铁的铜头及所粘的焊锡烫伤人。

9. 游标卡尺

游标卡尺是中等精度的量具，用来测量工件的内、外尺寸，如测量导线的直径。

使用游标卡尺测量前应先校准零位。测量时，先将固定卡脚贴靠工件，后轻轻用力将活动卡脚贴靠工件，两卡脚的测量面与被测工件表面垂直，拧紧制动螺丝后读数。主尺上副尺中性线左边的第一条刻线是整数的毫米值；副尺上与主尺对齐的一条刻线是小数的毫米值；二者相加是测量值。

10. 电工防护用品

电工防护用品包括防护眼镜、手套、安全帽等。

防护眼镜用于更换熔丝、室外操作、更换蓄电池液等工作的个体防护。手套有线手套和帆布手套，后者用于有可熔金属的操作等工作的个体防护。安全帽用于空中作业以及其他有碰撞、砸伤危险的作业，保护人员头部。

二、电工安全用具的使用

应根据工作条件选用适当的安全用具。如高处作业时，应使用合格的登高用具、安全腰带，并戴上安全帽。

每次使用安全用具前必须认真检查。使用前应将安全用具擦拭干净。绝缘垫和绝缘台应经常保持清洁、无损伤。验电器每次使用前都应先在有电部位验试其是否完好，以免给出错误指示。

安全用具使用完毕也应擦拭干净。安全用具不能任意作其他用途，也不能用其他工具代替安全用具。

安全用具使用完毕后，应存放在干燥、通风的处所。安全用具应妥善保管，应注意防止受潮、脏污或破坏。绝缘手套、绝缘靴、绝缘鞋应放在箱、柜内，而不应放在过冷、过热、阳光曝晒或有酸、碱、油的地方，以防胶质老化，并不应与坚硬、带刺或脏污物件放在一起或压以重物。验电器应放在盒内，并置于干燥之处。

安全用具应定期进行试验，定期试验合格后应加装标志。

第二节 手持电动工具及移动式电气设备

一、基本分类

1.根据手持式电动工具不同的应用范围分类

（1）金属切削类：电钻、磁座钻、电绞刀、电动刮刀、电剪刀、电冲剪、电动曲线锯、电动锯管机、电动往复锯、电动型材切割机、电动型攻丝机、多用电动工具。

（2）砂磨类：电动砂轮机、电动砂光机、电动抛光机。

（3）装配类：电扳手、电动扭矩扳手、电动脱管机。

（4）林木类：电刨、电动开槽机、电插、电动带锯、电动木工砂光机、电链锯、电圆锯、电动木钻、电动木铣、电动打枝机、电动木工刃具砂轮机。

（5）农牧类：电动剪毛机、电动采茶机、电动剪枝机、电动粮食插秧机、电动喷油机。

（6）建筑道路类：电动混凝土振动器、冲击电钻、电锤、电镐、电动地板刨光机、电动打夯机、电动地板砂光机、电动水磨石机、电动砖瓦铣沟机、电动钢筋切断机、电动混凝土钻机。

（7）铁道类：铁道螺钉电扳手、枕木电钻、枕木电镐。

（8）矿山类：电动凿岩机、岩石电钻。

（9）其他类：电动骨钻、电动胸骨钻、石膏电钻、电动卷花机、电动地毯剪、电动裁布机、电动雕刻机、电动除锈机、电喷枪、电动锅炉去垢机。

2. 根据电击防护特性分类

按电击防护条件，电气设备分为 0 类、0 Ⅰ 类、Ⅰ 类、Ⅱ 类和Ⅲ类设备。

0 类、0 Ⅰ 类、Ⅰ 类设备都是仅有工作绝缘（基本绝缘）的设备，所不同的是 0 类设备外壳上和内部不带电导体上都没有接地端子（保护导体接线端子）。

0 Ⅰ 类设备的外壳上有接地端子；Ⅰ 类设备外壳上没有接地端子，但内部有接地端子，自设备内引出带有保护插头的电源线。

Ⅱ 类是带有双重绝缘或加强绝缘的设备、Ⅲ类设备是特低电压的设备。

Ⅱ 类设备和Ⅲ类设备都无须采取接地或接保护线措施。

手持电动工具没有 0 类和 0 Ⅰ 类产品。移动式电气设备大部分是 0 Ⅰ 类和 Ⅰ 类设备。市售手持电动工具绝大多数都是 Ⅱ 类设备。Ⅰ 类手持电动工具安全性能差，已经停止生产，但是，直到现在为止，仍然有很多以前生产 Ⅰ 类手持电动工具尚在使用之中。

三、合理选用

各类工具的触电保护特性不同，在不同的场所应选用不同类型的工具，并配备相应的保护装置，以保证使用者的安全。

1. 各类工具的特点

目前，Ⅰ、Ⅱ类工具的电压一般是220V 或380V，Ⅲ类工具过去都采用36V，现"国标"规定为 42V，需要专用变压器，此类工具较少使用。根据国内外情况来看，Ⅱ类工具是主流，使用起来安全可靠。略加必要的安全措施又能代替Ⅲ类工具要求。

工具造成的触电死亡事故的统计，几乎都是由Ⅰ类工具引起的。Ⅰ类工具的接地接保护线虽能抑制危险电压，但它的触电保护还是不完善的，此类工具除依靠工具本身的绝缘强度及接地装置的完整外，还依靠使用场所的接地接保护线系统来保证，而目前许多工厂企业的接地装置的维护还不够完备，有的接地电阻太大，有的接地不良，有的甚至还没有接地装置。因此，今后在使用Ⅰ类工具时还必须采用其他附加安全保护措施，如剩余电流动作保护装置、安全隔离变压器等

Ⅱ类工具比Ⅰ类工具安全可靠，表现为工具本身除基本绝缘外，还有一层独立的附加绝缘，当基本绝缘损坏时，操作者仍能与带电体隔离，不致触电。

Ⅲ类工具（即 42V 以下特低电压工具），由于用安全隔离变压器作为独立电源，在使用时，即使外壳漏电，因流过人体的电流很小，一般不会发生触电事故。

2. 选用规则

（1）在一般场所，为保证使用的安全，应选用Ⅱ类工具，装设剩余电流动作保护装置、安全隔离变压器等。否则，使用者必须戴绝缘手套，穿绝缘鞋或站在绝缘垫上。

（2）在潮湿的场所或金属构架上等导电性能良好的作业场所，必须使用Ⅱ类或Ⅲ

类工具。

如果使用Ⅰ类工具，必须装设额定漏电动作电流不大于 30mA、动作时间不大于 0.1s 的剩余电流动作保护装置。

（3）在狭窄场所如锅炉、金属容器，管道等应使用Ⅲ类工具。如果使用Ⅱ类工具，必须装设额定漏电动作电流不大于 15mA、动作时间不大于 0.1s 的剩余电流动作保护装置。

Ⅲ类工具的安全隔离变压器，Ⅱ类工具的剩余电流动作保护装置及Ⅱ、Ⅲ类工具的控制箱和电源连接器等必须放在锅炉、金属容器，管道等危险工作区域的外面，同时应有人在外监护。

在特殊环境如湿热、雨雪以及存在爆炸性或腐蚀性气体的场所，使用的工具必须符合相应防护等级的安全技术要求。

四、手持电动工具的安全要求

使用手持电动工具应当注意以下安全要求：

（1）辨认铭牌，检查工具或设备的性能是否与使用条件相适应。

（2）检查其防护罩、防护盖、手柄防护装置等有无损伤、变形或松动。

（3）检查电源开关是否失灵、是否破损、是否牢固、接线有无松动。

（4）电源线应采用橡皮绝缘软电缆；单相用三芯电缆、三相用四芯电缆；电缆不得有破损或龟裂、中间不得有接头。

（5）Ⅰ类设备应有良好的接保护线或接地措施，且保护导体应与中性线分开；保护线（或地线）应采用截面积 1.5mm² 以上的多股软铜线，且保护线（地线）最好与相线、中性线在同一护套内。

（6）使用Ⅰ类手持电动工具应配合绝缘用具，并根据用电特征安装剩余电流动作保护装置或采取电气隔离及其他安全措施。

（7）绝缘电阻合格，带电部分与可触及导体之间的绝缘电阻Ⅰ类设备不低于 2MΩ、Ⅱ类设备不低于 7MΩ。

（8）装设合格的短路保护装置。

（9）Ⅱ类和Ⅲ类手持电动工具修理后不得降低原设计确定的安全技术指标。

（10）用毕及时切断电源，并妥善保管。

上述手持电动工具的使用要求对于一般移动式设备也是适用的。

五、交流弧焊机的安全要求

交流弧焊机的一次额定电压为 380V，二次空载电压为 70V 左右，二次额定工作电压为 30V 左右，二次工作电流达数十至数百安，电弧温度高达 6000℃。由其工作参数可知，交流弧焊机的火灾危险和电击危险都比较大。安装和使用交流弧焊机应注意以下问题：

（1）安装前应检查弧焊机是否完好；绝缘电阻是否合格（一次绝缘电阻不应低于

1MΩ、二次绝缘电阻不应低于 0.5MΩ）。

（2）弧焊机应与安装环境条件相适应，弧焊机应安装在干燥、通风良好处；不应安装在易燃易爆环境、有腐蚀性气体的环境、有严重尘垢的环境或剧烈振动的环境，并应避开高温、水池处。室外使用的弧焊机应采取防雨雪、防尘土的措施。工作地点远离易燃易爆物品，下方有可燃物品时应采取完善的防火安全措施。

（3）弧焊机一次额定电压应与电源电压相符合，接线应正确，应经端子排接线；多台焊机尽量均匀地分接于三相电源，以尽量保持三相负荷平衡。

（4）弧焊机一次侧熔断器熔体的额定电流略大于弧焊机的额定电流即可，但熔体的额定电流应小于电源线导线的容许发热电流。

（5）二次线长度一般不应超过 20 ~ 30m。

（6）弧焊机外壳应当接保护线（或接地）。

（7）弧焊机二次侧焊钳连接线不得接保护线（或接地）、二次侧的另一条线也只能一点接保护线（或接地），以防止部分焊接电流经其他导体构成回路。

（8）移动焊机必须停电进行。

为了防止运行中的弧焊机熄弧时 70V 左右的二次电压带来电击的危险，可以装设空载自动断电安全装置。这种装置还能减少弧焊机的无功损耗。

六、机械防护装置

手持式电动工具，无论是切割（削）工具或研磨工具，在高速旋转、往复运行或振动时，会带来意外危险，因此，必须按有关标准安装防护装置，如防护罩、保护盖等。没有防护装置或防护装置不齐全的，严禁使用。

1. 手持式电动砂轮机防护装置

手持式电动砂轮机是一种常用的打磨工具。安装防护装置的要求：

（1）由于砂轮在工作时有飞屑并可能造成破裂伤人，必须加有防护罩及防护罩挡板。

（2）防护罩要有足够的强度，以挡住碎块的飞出。

（3）防护罩与砂轮要有合理的间隙。

（4）砂轮防护罩的开口角不大于 125°，其夹角 β 应不大于 65°。

（5）防护罩应牢固地安装在砂轮机头部相应的位置上，不得松动。

（6）端部挡板应牢固地安装在防护罩上，工作时，不得将端部挡板卸下。

（7）在防护罩端部挡板上，应用红色油漆绘制箭头（漆色鲜明图形美观，大小适中），标示砂轮旋转方向。

（8）砂轮的转向应与防护罩上箭头标示方向一致。否则，工作时紧固螺母和砂轮将会脱落，造成事故。

2. 角向磨光机机械防护装置

角向磨光机，机械防护装置安装要求：

（1）砂轮必须有防护罩，并有足够的强度。

（2）操作时应根据具体情况，将防护罩转动到合适的位置上锁紧，不得松动。

（3）其他安全防护要求参见手持式电动砂轮机的有关要求。

3. 手持式电动圆锯的机械防护装置

圆锯防护装置的下部应装在弹簧枢轴上，锯切时露出锯齿；锯子离开工件时，保护装置就弹回原位。锯子的上部亦应当加以保护。

其他手持式电动工具应根据不同种类的特点，采用相应的机械防护装置，做到安全使用。

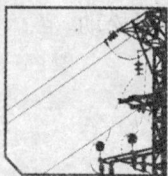

第十一章
低压电器及其成套配电装置

第一节　低压电器

　　低压电器一般指的是用于交流额定电压 1200V 以下，直流额定电压 1500V 以下的电路内起通断、保护、控制或调节作用的电器。

　　按安装场所的不同，低压电器大致可以分为：

　　（1）配电电器：主要用于配电电路，对电路及设备进行通断以及保护、转换电源或负载的电器。属于此类的电器有低压断路器、熔断器、刀开关、转换开关等。

　　（2）控制电器：主要用于电力拖动和自动控制，控制受电设备，使其达到预期要求的工作状态的电器。主要有接触器、起动器、主令电器、控制继电器等。

　　按照功能，低压电器可分为控制电器、保护电器、主令电器和成套电器。

一、低压电器常用名词术语、参数和技术性能

　　额定工作电压：在规定条件下保证电器正常工作的电压值。

　　额定电流：在规定条件下保证电器正常工作的电流值。

　　短路分断能力：在规定的条件下，包括开关电器出线端短路在内的极限分断能力。

　　不间断工作制（长期工作制）：没有空载期的工作制，电器的导电电路通以一稳定电流，通电时间超过 8h 也不分断。

　　短时工作制：有载时间和空载时间相互交替且前者比后者较短的工作制，电器的导电电路通以一稳定电流，通电时间不足以使电器达到热平衡，而在二次通电时间间隔内足以使电器的温度恢复到等于周围空气温度。

二、低压电器产品基本使用环境条件

　　海拔不超过 2000m。

　　周围空气温度：最高不超过 +40℃且 24 小时平均值不超过 +35℃，下限为 -5℃。

　　相对湿度：根据使用环境条件的不同分湿热带型和于热带型两类，湿热带型在温度为 25℃时，最湿月平均最大相对湿度不大于 95%；干热带型在温度为 40℃时，最干月平均最小相对湿度不小于 10%。

　　低压电器应按制造厂的说明书安装。一般安装在无显著摇动和冲击振动、没有雨雪侵袭的地方，无爆炸危险的介质中，且介质中无足以腐蚀金属和破坏绝缘的气体

与尘埃。

方位有规定的或动作性能受重力影响的电器，其安装倾斜度不大于5°。

低压电器的选用原则是安全可靠和经济合理。

第二节　常用低压控制电器和保护电器

一、常用低压手动开关电器

1. 低压隔离器和低压隔离开关

（2）HD系列单投刀开关和HS系列双投刀开关。HD系列单投刀开关和HS系列双投刀开关，均为开启式。适用于交流频率50Hz，额定电压380V或直流440V，额定电流1500A及以下的低压成套配电装置中，作为不频繁地手动接通和分断交、直流电路或做隔离开关用。当刀开关能够满足隔离功能要求时（断口明显且距离合格），可用于隔离电压。低压隔离开关的主要用途是隔离电源，保证工作人员维护检修作业时的人身安全。

带有杠杆操动机构的刀开关，用来切断额定电流的应装有灭弧罩，以保证分断时的安全可靠。操动机构具有明显的分合指示和可靠的定位装置。双投开关可用于双电源的切换。

HD13、HS13用于正面操作、后面维护的开关柜中，其中带有灭弧罩的刀开关，可以切断不大于其额定电流的负荷，但不宜频繁操作。

HD17系列刀型隔离器适用于配电设备中，做电源隔离之用，带灭弧室的可在规定条件下接通或分断交流电路。

（2）QA和QP系列隔离开关。QA和QP系列隔离开关主要用于有高短路电流的配电电路和电动机电路中，作为手动不频繁操作的开关、隔离开关和应急开关，当配有熔断器时，并作电路保护之用。QA与QP区别主要是内部两组触头连接方式分别为串联、并联，使其分断能力、出线位置有所不同。

2. 低压熔断器组合电器

熔断器组合电器是机械开关电器与一个或数个熔断器组装在同一个单元之内的组合电器。

（1）QSA（HH15）系列开关熔断器组。有63A至630A七种规格，适用于交流50Hz，额定电压660V的低压配电系统中，作为隔离开关、电源开关和应急开关以及电路短路保护，并具有承载短路和过载功能。

（2）熔断器式隔离开关。熔断器式隔离开关是用熔断体或带有熔断体载熔体作为动触头的一种隔离开关。这一类电器有HR5、HR6、HR11等。

HR5 熔断器式刀开关，适用于交流 50 Hz、额定电压 600 V、额定工作电流至 630A 的具有高短路电流的配电电路和电动机电路中，作为电源开关、隔离开关、应急开关，并做电路保护，装有 NT 型熔断器。还可加装辅助开关，发出指示分合状态信号。

HR6 熔断器式刀开关结构和性能与 HR5 熔断器式刀开关基本相近，当配带撞针的熔断体时，如某极熔断体熔断，撞击器弹出，通过一根传动轴触动辅助开关，发出信号用作断相保护。

3. 隔离开关与隔离器的安装与使用

开关应垂直安装。（非旋转操作机构的）在合闸状态时，操作手柄应向上。

可动触头与固定触头的接触应良好；大电流的触头或刀片宜涂电力复合脂。

双投刀开关在分断位置时，可动触头应可靠定位，不得自行合闸。

带熔断器或灭弧装置的开关接线完毕后，检查熔断器应无损伤，灭弧栅应完好，且固定可靠；电弧通道应畅通，三相触头动作应一致。

低压隔离开关的主要作用是检修时实现电器设备与电源隔离。低压隔离器和低压隔离开关与低压断路器串联安装的线路中，送电时应先合上电源侧隔离开关，再合上负荷侧隔离开关，最后接通断路器。停电时顺序相反。

二、常用低压断路器

低压断路器过去又称自动开关、空气开关，能接通、承载和分断正常情况下的电流，也能在规定的非正常条件下接通、承载一定时间和分断短路电流的一种机械开关电器。能对电路实施控制与保护。

1. 低压断路器分类

（1）低压断路器按设计结构型式分为万能式、塑料外壳式；按安装方式分为固定式、插入式、抽屉式；按操作方式分为手动操作、电动操作和弹簧储能操作。

（2）低压断路器主要由触头系统、灭弧装置、操作机构和保护装置组成。

低压断路器中脱扣器的分类与作用：

热脱扣器：亦称过载脱扣器，与被保护电路串联，起过载保护作用。

电磁脱扣器：亦称短路脱扣器，与被保护电路串联，起短路保护作用。

分励脱扣器：可用于断路器远距离分闸，其线圈电压应与电路控制电压一致。

失压脱扣器：亦称欠压脱扣器，起欠压和失压保护作用，其线圈电压应与主电路电源电压一致。有的失压脱扣器还具有延时释放功能，主要防止因冲击负荷及电网电压瞬间波动而造成断路器无故障跳闸，延时时间一般为 1~3s。以上几种脱扣器是由设计根据使用需求选配。

2. 低压断路器技术数据及性能

按国家标准规定，在低压断路器本体或铭牌上应标出：额定电流、是否用作隔离、断开和闭合位置指示。

在外壳上还应标明使用类别，A 类为非选择型，只装有过载长延时、短路瞬时的二段保护；B 类为选择型，所谓选择型是指断路器具有过载长延时、短路短延时和短路瞬时的三段保护特性。此外，还应标出额定工作电压、额定频率、额定运行短路分断能力、额定极限分断能力等。

3. 万能式低压断路器

万能式断路器是指可以有多种脱扣器的组合方式且合闸操作方法多样的断路器。因其具有带绝缘衬垫的框架结构底座，又称为框架自动开关。

国产万能式断路器有 DW15、DW16、DW45 等，引进技术国产化产品有 ME（DW917）、AH（DW914）、3WE、MT 系列等。额定电流从 630～4000A 等。

各种产品的基本结构、功能相似，只是在保护特性、技术参数、应用范围方面小有区别。

4. 塑料外壳式低压断路器

塑料外壳式低压断路器具有一个用模压绝缘材料制成的外壳将所有构件组装成一整体的断路器，曾称塑料外壳式自动开关，也叫过装置式低压断路器。

塑料外壳式低压断路器的特点是它的触头系统、灭弧室、机构及脱扣器等元件均装在一个塑料壳体内。此类断路器多采用短路保护为瞬时动作的电磁脱扣器，过载保护为带延时的热脱扣器。一般额定电流在 630 A 以下且短路电流不大时，可选用塑料壳开关作为电路保护用。

常用塑料外壳式低压断路器有：DZ20、TO、TG、TM30、CM1、ABB、NSX 系列等。

（1）DZ20 系列塑料外壳式低压断路器。按极限短路分断能力高低（触头系统有所不同）可分为（Y 型）一般型、（J 型）较高型、（C 型）经济型、（G 型）最高型。按用途分为配电断路器和保护电动机用。其操作有手动、电动两种方式。

（2）DZ20L 系列剩余电流动作保护断路器。剩余电流动作保护断路器是在塑料外壳断路器中加一个能检测剩余电流动作保护电流的零序电流互感器和剩余电流动作保护脱扣器。当出现漏电或人身触及相线时，零序电流互感器的二次边感应出信号电流，使剩余电流动作保护脱扣器动作，断路器快速断开。

（3）微型断路器。一般把额定电流 63A 及以下的塑料外壳式低压断路器称为小型断路器，又称微型断路器。这一类常用的有 C65、DZ47、DPN 等。这些小型断路器由高强度、高阻燃性塑料外壳，过电流脱扣器，操动机构，触头及灭弧系统组成。它的主要用途是保护线路末端的电线（或电缆）和用电设备。采用导轨安装方式，其产品宽度都选取 9mm 的倍数，故称为模数化终端电器。其中，iC65 系列标准型产品分断能力有 6kA（N）、10kA（H）、15kA（L）三种；额定电流 1A～63A；极数有1P、2P、3P、4P；根据需要可配装剩余电流动作保护附件、分励脱扣器、欠压脱扣器、报警与辅助接点等。

iDPN 标准型产品分断能力有 4.5kA（a）、6kA（N）、10kA（H）；额定电流 2～

40A；根据需要可配装剩余电流动作保护附件、分励脱扣、欠压脱扣和报警与辅助接点等。

iC65 系列手柄绿色条纹显示触头处于切实分断状态，断开位置可锁定。将剩余电流动作保护附件与 iC65 拼装使用，可实现对间接接触提供人身保护，对直接接触提供补充人身保护，对电器设备的绝缘故障提供保护。

5. 智能化断路器

智能化断路器由实时检测、微处理器、外用接口与执行元件组成。具有以下几个特点：一是可提供多种保护功能供选择，如断路器过载长延时、短路短延时、特大短路瞬时动作；还可提供过电压、欠电压、断相、反相、三相不平衡、接地保护及屏内火灾检测报警等。二是选择性好，可按需选用保护功能和动作特性；三是具有通讯功能，除了直接显示各种运行参数与故障信息外，还可实现遥测、遥信、遥控；四是具有事件记录功能，除自动记录断路器动作时间、分断次数外，还可将故障数据保存，并依此可查出故障类型、故障电压、电流等。

6. 低压断路器的安全使用与维护

断路器由于使用不当或选用不当造成的事故经常发生。特别是 DZ 型断路器，大部分不带失压脱扣器，当故障停电时不能使其控制的电气设备和线路与电源脱离，若供电线路突然恢复供电，所带负荷立即投入运行。如果是不允许自行启动的设备，一旦其自行启动，就有可能造成设备损坏或造成较大的经济损失，甚至可能造成人身伤亡

（1）断路器使用中的注意事项。低压断路器在选用时断路器的额定电压应与线路额定电压相符，其额定电流和热脱扣器的整定电流应满足最大负荷电流的需要。而配电保护型的瞬动整定电流为 $10I_N$（IN 为额定电流，误差为 ±20%），I_N 为 400A 及以上规格，可以在 $5I_N$ 和 $10I_N$ 中任选一种（由用户提出，制造厂整定）；电动机保护型的瞬动整定电流为 $12I_N$。低压断路器的最大分断电流远大于其额定电流。

断路器的选用应适合线路工作特点，如果选择不当就有可能使设备或线路无法正常工作。比如为满足整个系统的维护、测试和检修时的隔离需要，有双电源切换要求的系统必须选用四极断路器；为保证所保护的回路中的一切带电导线断开，对具有剩余电流动作保护要求的回路，均应选用带 N 极（如四极）的剩余电流动作保护断路器；住宅每户单相总开关应选用带 N 极的二极开关。

线路中有停电后恢复供电时禁止自行启动的设备，则应选用带有欠压脱扣器的断路器控制或采用交流接触器与之配合使用。

上级低压断路器的保护特性与下级低压断路器的保护特性应有选择性的配合。

（2）断路器在使用中应定期检查与维护内容：

①定期检查各部位的完整性和清洁程度，特别是触头表面应擦去污垢，被电弧烧伤严重视触头材料处理或磨平打光，一般磨损厚度超过 1mm 应更换。

②检查触头弹簧的压力有无过热失效现象，各传动部件动作是否灵活、可靠、无

锈蚀和松动现象。各机构的摩擦部分应定期涂注润滑油。

③故障掉闸后，按厂家说明书要求检修触头及灭弧栅，清除内部灰尘和金属细末及炭质。

④故障掉闸后恢复送电时，手动操作的塑料外壳式低压断路器往往需将开关柄向下扳至"再扣"位置后，方能再次合闸。

⑤断路器的分励脱扣器及失压脱扣器，在线路电压为额定值75%～110%时，应能可靠工作，当电压低于额定值的35%时，失压脱扣器应能可靠释放。

⑥断路器每次检查完毕后应做3～5次操作试验，确认其工作正常。

⑦如断路器缺少部件或部件损坏，不得继续使用，以免在断开时无法有效地熄灭电弧而使事故扩大。

⑧带有位置指示线路，断路器的工作位置状态应与指示信号显示相符。

二、交流接触器

接触器是指仅有一个起始位置，能接通、承载和分断正常电路条件（包括过载运行条件）下的一种非手动操作的机械开关电器。接触器按触头控制电流的种类可分为交流接触器和直流接触器两类。在此主要介绍交流接触器。

1. 交流接触器的用途及工作原理

交流接触器是用以接通和分断电路，并与热过载继电器组合，以保护操作（运行）中可能发生过载的线路，适用于电器设备的频繁操作。交流接触器线圈是吸持线圈又是失压线圈，具有失压保护功能，一般不另装失压保护元件。交流接触器不能切断短路电流，但能在一定时间内承载一定的短路电流，其结构和接线如图11-1所示。

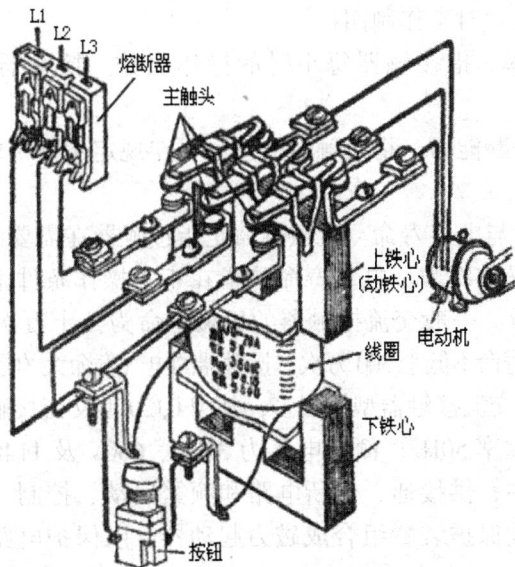

图 11-1 交流接触器结构和接线示意图

交流接触器具有一个套着线圈的静铁心，一个与触头固定在一起的动铁心（衔铁）。线圈通电后将静铁心磁化，产生电磁吸引力使动铁心与之对合在一起，动触头随动铁心的吸合与静触头闭合与而接通电路。当线圈断电后或加在线圈上的电压低于额定值的40％时，动铁心就会因电磁吸引力过小而在弹簧的作用下释放，使动、静触头分开。

2. 交流接触器的主要结构

（1）电磁系统。电磁系统是交流接触器的关键部分，它由吸引线圈、动铁心和静铁心所组成。

（2）触头系统。根据功能不同，接触器装有主触头和辅助触点，主触头用于接通和断开主电路，能通过的电流大，主触头在没通电的情况下处于常开状态（动合触头）。辅助触点用于控制回路，其额定电流一般为5A，辅助触点有常开（动合触点）、常闭（动断触点）。

（3）灭弧装置。电弧在电动力作用下被拉长并迅速进入陶土灭弧室，被灭弧室壁冷却而熄灭。

3. 交流接触器的主要参数

（1）额定电压。分主触头的额定工作电压和辅助触点及吸引线圈的额定电压。吸引线圈的额定电压可能与触头额定电压不一致。

（2）额定电流。指主触头在额定电压、额定工作制和操作频率下所允许通过的工作电流值。若改变使用条件，额定电流值也随之改变。

（3）动作值。当电源电压在额定值的85％～105％时，能保证接触器可靠吸合。

（4）额定工作制。接触器有长期工作制、间断长期工作制（即八小时工作制）、短时工作制、反复短时工作制四种。

（5）操作频率。指接触器每小时的操作次数。接触器的允许操作频率一般在300~1200次/h。

（6）接通与分断能力。指接触器的主触头在规定条件下能可靠地接通和分断的最大电流值。

（7）机械寿命与电气寿命。机械寿命是指接触器在需要维修或更换机械零件前所能承受的无负荷操作次数。电气寿命是指在正常操作条件下不需要修理或更换零件带负荷操作的次数。一般交流接触器的机械寿命为几十万次至几百万次，如CJ20型交流接触器的机械寿命不低于300万次。接触器的电气寿命大约是机械寿命的5％~20％。

目前，生产的交流接触器型号很多，其中CJ20型交流接触器是全国统一设计产品，主要适用于交流频率50Hz，额定电压为380V、660V及1140V，额定电流为630A及以下的电力线路中，供接通、分断电路和频繁启动、控制三相交流电动机用，它与热继电器或电子式保护装置组合成磁力起动器，以保护电路或交流电动机可能发生的过负载及断相。

交流接触中较常用的还有B系列交流接触器和K型辅助接触器。B系列交流接触器的额定工作电流从 9A 至 475A 有 14 个规格，有正装式和倒装式两种结构，吸引线圈分为交流和直流两种，安装方式分卡轨式与螺钉固定式两种。

还有专用于切换电容的接触器，主要适用于交流 50Hz、额定工作电压至 660V 的电力线路中，供低压无功功率补偿设备投入或切换低压电力电容器之用。接触器附有抑制涌流装置，不用加装限流电抗器就能有效抑制合闸涌流对电容器的冲击和降低开断瞬间的过电压。

4. 交流接触器的选用

（1）选用交流接触器应全面考虑额定电压、额定电流、吸引线圈电压、辅助接点数量的要求。

（2）接触器的额定电压应大于或等于主电路的额定电压。

（3）吸引线圈的额定电压应等于控制回路电压。

5. 交流接触器安装使用要求

（1）交流接触器不能安装在高温、潮湿、有易燃易爆气体和腐蚀性气体的场所以及有导电尘埃的场所，也不能在无防护措施的情况下安装在室外。

（2）交流接触器控制电动机或线路时应与过电流保护电器相配合，因为接触器本身无过电流保护性能。当带有常闭触头的接触器与磁力起动器闭合时，应先断开常闭触头，后接通主触头；当断开时应先断开主触头，后接通常闭触头，且三相主触头的动作应一致，其误差应符合产品技术文件的要求。

（3）低压接触器和电动机起动器安装完毕后，应进行检查：接线应正确；在主触头不带电的情况下，起动线圈间断通电，主触头动作正常，衔铁吸合后应无异常响声。

6. 交流接触器的巡视检查与维护

（1）负荷电流应不大于接触器的额定电流。

（2）有分、合信号指示时，其指示应与接触器实际状态相符合。

（3）周围环境应无不利于运行的情况。

（4）接触器与导线的连接点无过热变色。

（5）灭弧罩应无松动、缺损、罩内无嗞火声。

（6）辅助触点无烧蚀或打火现象。

（7）铁心应吸合良好，短路环不应脱出或开裂，铁心应无过大噪声。

（8）吸引线圈无异味。

（9）大容量交流接触器的绝缘连杆无裂损。

7. 接触器使用中的常见故障和处理

接触器使用中的常见故障有铁心或线圈过热；铁心噪声过大；触头烧蚀或熔焊在一起等。运行中发现以上故障时应及时停电处理，修复或更新损坏的部件。更换部件或整体更换时应注意与原型号规格的一致性。

三、主令电器

主令电器是用作闭合或断开控制电路，以发出命令或做程序控制的开关电器。主要包括控制按钮、万能转换开关、按动开关、行程开关和微动开关。

1.控制按钮

控制按钮的外形和原理如图 11-2 所示。控制按钮是用人力操作操动器并具有储能(弹簧)复位的控制开关。

控制按钮的一般结构是上方有两个静触点，通过下方的公共桥式触点构成一对动断的自复位常闭触点，桥式动触点下方有两个静触点，桥式动触点与它们构成了一对动合的常开触点。

（1）LA10 系列控制按钮。LA10 系列控制按钮适用于交流频率 50Hz、电压 380V、直流 220V、额定电流不大于 5A 的控制电路中，作为遥控接通或开断启动器、接触器、继电器及其他电气线路用。

LA10 系列控制按钮的结构型式分为：开启式（K），适用于嵌装在控制柜、控制台的面板上，不能防止偶然触及带电的部分；保护式（H），具有保护外壳，可以防止按钮元件受到外来的机械损伤和偶然触及带电部分；防水式（S），具有封闭的外壳，可以防止雨水的浸入；防腐式(F)，能防止腐蚀性气体侵入。

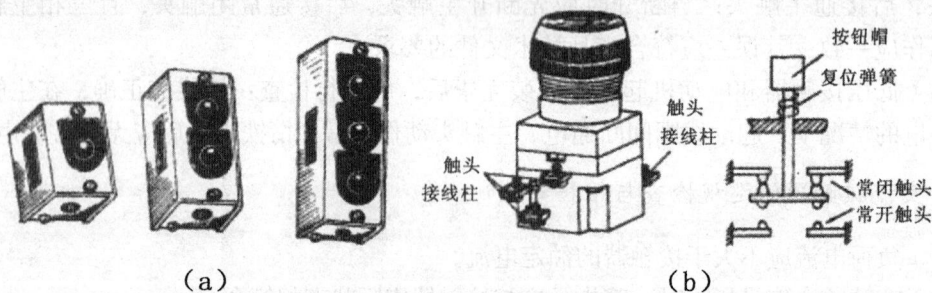

图 11-2 控制按钮

（a）LA10 系列　（b）LA19 系列

（2）LA20 系列控制按钮。LA20 系列由两个或三个按钮元件组合成按钮。它适用于交流频率 50Hz 或 60Hz，电压 380V 或直流 220V、额定电流不大于 5A 的控制电路中，作为磁力起动器、接触器的远距离控制使用。带有信号灯的按钮，其信号灯用于交、直流电压为 6V 的信号电路，作各种灯光信号指示用。

2.万能转换开关、按动开关

（1）LW 系列万能转换开关。LW 系列万能转换开关可装在配电柜、控制屏、控制台上，对各种开关设备作远距离控制及小型三相笼式异步电动机的直接启动，亦可作为部分电气仪表的转换开关触点，长期允许接通电流为 5~10A。其文字代号为

SA。

目前常用的万能转换开关有 LW2、LW5 等。LW5 系列万能转换开关适用于交流频率 50Hz，额定交流电压至 500V 及直流电压至 440V 的电路中，作为电气控制线路的转换以及电压 380V、功率 5.5kW 及以下的三相笼式异步电动机的直接控制（启动、可逆转换、多速电动机变速）。

（2）HY3—10 型按动开关。HY3—10 型按动开关适用于交流频率 50Hz、三相电压 380V、单相电压 220V 的线路中，作为接通和分断电路、控制小容量交流电动机用。

HY3—10 型按动开关由动、静触头及来回摇摆的按动件、弹簧组成，共同装在绝缘外壳内。当按下按动件带白点的一端时，触头闭合。当按下按动件另一端时，闭合的触头又打开。

3. 行程开关和微动开关

行程开关能将机械信号转变为电信号。一般用于交流频率 50Hz，额定电压 380V 及以下的电路中作为行程控制和限位之用。行程开关的型号有多种。但多数把 L 表示为主令电器，X 表示为行程开关。微量动作的开关称作微动开关，它的型号中的字母 W 表示微动。例如 LXW 型是微量动作的行程开关的型号。常使用的型号有 JLXKl 型、X2 型、LX19 型等。其图形符号和文字代号为 ——／ ST。

四、低压熔断器

1. 用途和分类

低压熔断器是当电流超过规定值足够长时间后通过熔断专门设计的部件，断开其接入的电路，并分断电流的电器，是一种结构简单、使用方便、价格低廉的保护电器。其主要由熔断管件、熔体和支持熔断管件的部件组成。熔体在电路出现短路或过载情况时，经一定时间熔断。熔断器中的熔体是串联在被保护电路中，正常时只有负载电流通过熔体，当被保护电路发生短路或过载时，其电流超过熔体正常发热电流，由于电流的热效应而使熔体温度急剧上升，最终超过其熔点而熔断，则电路断开，从而保护了电路和设备。

低压熔断器一般装配在 500V 及以下的低压电路中，主要用作短路保护，在无冲击负荷的情况下可用作过载保护。但其过载保护的性能较差。

熔断器按结构可以分为开启式、半封闭式和封闭式三种。封闭式又分为填料管式、无填料管式及有填料螺旋式等几种。熔断器按工作特性可分为一般用途熔断器、快速熔断器和有限流作用的自复熔断器。按熔体的材料不同可分为低熔点熔断器和高熔点熔断器。

2.RL1 系列螺旋式熔断器

该系列熔断器由底座、瓷帽和熔断管三部分组成。其底座、瓷帽和熔断管均由电瓷制成，熔断管内装有一组熔丝（片）和石英砂。熔断管盖上有一熔断指示器，当熔体熔断时，指示器跳出显示熔体熔断，通过瓷帽玻璃窗可观察到。螺旋式熔断器体积小，安装方便。

3.RT0 系列有填料封闭管式熔断器

该系列熔断器由底座和熔断管组成，熔断管内的熔体由薄紫铜片冲制成变截面熔片，熔管内填充石英砂。它的主要特点是：灭弧能力强，分断速度快；熔断管上装有熔断指示器，能在熔体熔断后立即动作跳出，因此很容易识别熔断器的通断状态；熔断器配带插装专用的绝缘手柄，可以在带电压的情况下更换熔断器（操作时需有人监护并带绝缘手套）；极限分断能力较高，填料管式低压熔断器比纤维管式熔断器分断能力强。但熔断管只能一次性使用，相对维修费用也高，适用于配电线路或断流能力要求较高的场所作为过载和短路保护用。

4.快速熔断器

快速熔断器主要型号有 RS0、RS3、RLS 系列。RS 型的外形与 RT 型相似，RLS型与 RL 型相似，它们都是在熔体上有所区别。

快速熔断器可用于保护半导体器件，如整流二极管，晶闸管等过载能力差的电器、电子元件。

5.熔断器的选用和安全使用

（1）熔断器的选用。熔断器及熔体的容量，应符合设计要求，所保护电气设备的容量与熔体容量相匹配。

熔断器选用时应首先考虑对熔体额定电流的选择，要同时满足正常负荷电流和起动冲击电流两个条件。熔断器的额定电流应不小于熔体的额定电流。在其接触良好正常散热时，通过额定电流时熔体是不会熔断的。

（2）熔断器的安全使用：
①熔体熔断，先排除故障后再更换熔体。
②在更换熔体管时应停电操作。
③半导体器件构成的电路应采用快速熔断器。
④熔断器安装位置及相互间距离，应便于更换熔体。
⑤有熔断指示器的熔断器，其指示器应装在便于观察的一侧。
⑥瓷质熔断器在金属底板上安装时，其底座应垫软绝缘衬垫。
⑦安装具有几种规格的熔断器，应在底座旁标明规格。
⑧有触及带电部分危险的熔断器，应配齐绝缘抓手。
⑨带有接线标志的熔断器，电源线应按标志方向进行接线。
⑩螺旋式熔断器的安装，其底座严禁松动，电源应接在熔芯引出的端子上。

五、热继电器

1. 用途和结构

热过载继电器是利用流过继电器电流所产生热效应而反时限动作的继电器。是一种保护电器，主要适用于长期工作或间断工作的一般交流电动机及其他电气设备的过载保护。图 11-8 是热继电器的结构简图，其主要组成如下。

（1）热元件（感温元件）。它是用两种热膨胀系数不同的金属片（双金属片）用机械碾压或熔焊的方式紧密结合在一起而制成的。有的双金属片上绕有电阻丝，当过负荷电流流过电阻丝或双金属片时，使之温度升高而发生弯曲变形，利用弯曲力通过联动板和弹簧使常闭触点断开，切断控制回路，致使被控制的接触器释放，分断负荷的主电路，起到保护作用。

（2）常闭、常开触点。它的作用是接通或断开控制回路或指示灯。

（3）动作机构。由绝缘的联动板、弹簧组成。当元件冷却恢复原状后可借助弹簧力自动复位(出厂时的复位方式)。结构简图如图 11-3 所示。

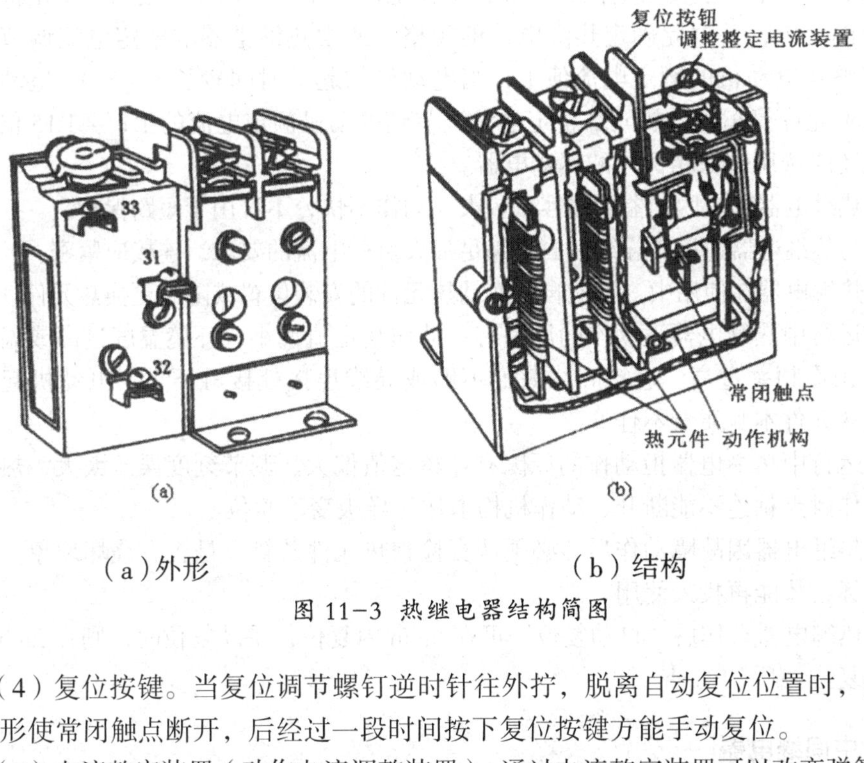

（a）外形　　　　　　　　（b）结构

图 11-3　热继电器结构简图

（4）复位按键。当复位调节螺钉逆时针往外拧，脱离自动复位位置时，热元件受热变形使常闭触点断开，后经过一段时间按下复位按键方能手动复位。

（5）电流整定装置（动作电流调整装置）。通过电流整定装置可以改变弹簧的压力，从而改变热元件的动作电流值。所配用热元件不变的情况下，热继电器的动作电流可在热元件额定电流的 60%～100% 的范围内调节。热继电器动作时间随电流增大而缩短。

2. 热继电器的型号

热继电器的保护方式有单极式、两极式和三极式。常用的型号有 JR16、JR20、JR36、JRS2（3UA）、T 系列等。JR16 都是三极式的，整定值可调，自动复位和手动复位，还可配装断相保护。有的产品配有电磁元件，可具有过载和短路两种保护性能。JR36 外形尺寸和安装尺寸与 JR16B 系列完全一致，是新一代较为理想产品。JRS2 还可与 CJX1 系列交流接触器组合封装于封闭壳体内构成电磁起动器使用。JR20 采用立体布置式（又称二层式）结构和拉簧式结构，可获得良好瞬间跳跃特性，还考虑 CJ20 交流接触器各电流等级结构尺寸，故与 CJ20 方便配合使用。当主电路中电机过载或断相时，热继电器动作，同时脱扣器指示件弹出显示热继电器已动作。

3. 热继电器的选用和安全使用

热继电器的合理选用和正确使用直接影响到电气设备能否安全运行。因此，在选用和使用中应着重注意以下问题：

（1）热继电器额定电流应大于或等于热元件额定电流，应按产品系列选用。热元件的额定电流应略大于负荷电流，一般在负荷电流的 1.1 ~ 1.25 倍之间，整定值应在可调的范围之内，并据此确定热继电器的规格。通常热继电器的整定电流调节指示位置应调整在电动机的额定电流值上；当电动机的起动时间较长（> 5s），拖动冲击性负载或不允许停车时，热元件整定电流调节到电动机额定电流的 1.1 ~ 1.15 倍。角接电动机还应选用带缺相保护的热继电器。

（2）热继电器和热脱扣器的热容量较大，动作不快，不宜用于短路保护。

（3）与热继电器连接的导线截面应满足最大负荷电流的要求，连接应紧密。

（4）热继电器在使用中，不能自行变动热元件的安装位置或随意更换热元件。

（5）运行中热继电器误动作的原因有：动作整定值偏小、环境温度过高或温度变化太大、操作频率过高、连接导线截面不够或导线连接处接触不良、电动机起动时间过长、热元件本身质量不佳。

（6）运行中热继电器拒动作的原因有：整定值偏大、调节刻度误差太大、热元件损坏、动作触点粘连不能断开、动作机构卡住、导板变形脱位。

（7）热继电器因故障动作后，必须认真检查热元件及触点是否有烧坏现象，其他部件无损坏，才能再投入使用。

（8）热继电器动作后"自动复位"可在 5min 内复位；手动复位时，则在 2min 后，按复位键复位。

六、中间继电器

中间继电器主要在电路中起信号传递与转换作用，用它可实现多路控制，并可将小功率的控制信号转换为大容量的触点动作。常用的型号有：JZ17、JDZl、JZCl 等。

七、时间继电器

电磁式时间继电器是利用电磁原理制成的。它的特点是结构简单、寿命长，允许操作频率高，但延时时间短，多应用在直流控制回路中。

空气阻尼式时间继电器是用空气阻尼的原理制成的。它的特点是工作可靠、延时范围较宽，可达 0.4 ~ 180s，是交流控制电路中常用的时间继电器。图 11-4 是 JS7 系列空气阻尼式时间继电器的外形和结构示意图。

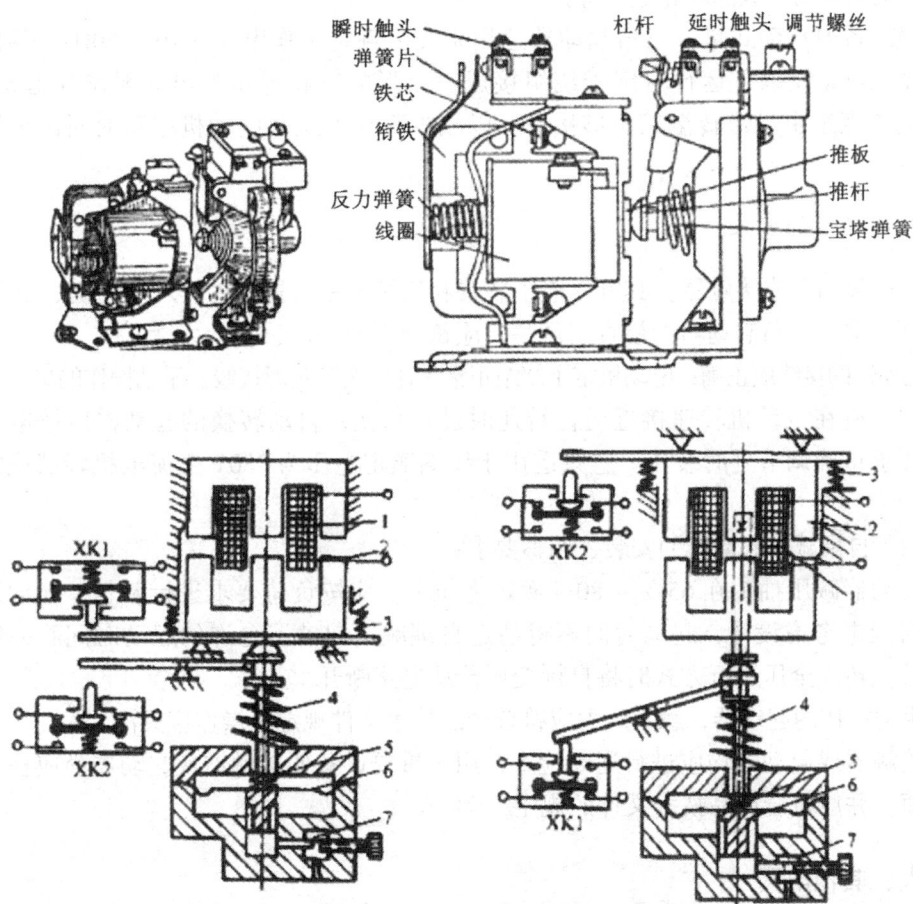

图 11-4 JS7 系列空气阻尼式时间继电器

电子式时间继电器是通过电子线路控制电容器充放电的原理制成的。它的特点是体积小，延时范围可达 0.1 ~ 3600s，其应用在逐步推广。

八、起动器

起动器是起动和停止电机所需的所有的开关电器和与适当的过载保护电器组合的电器。交流电动机起动器用来起动电动机和将电动机加速到额定转速，保证电动机持续运行，对电动机及其有关电路的过载运行进行保护，以及人为地分断电动机的电源电路。起动器主要由接触器、按钮、热继电器组成，本身能实现失压保护和过载保护，包括直接起动器、星－三角起动器、自耦减压起动器和转子变阻起动器等。

1. 起动器

QCX2 系列磁力起动器适用于交流 50Hz（60Hz）额定绝缘电压为 660V，额定工作电压为 380V 时，额定工作电流至 95A 时的三相异步电动机的启动、停止之用。并对电动机的平衡过载和断相进行保护。

QX4 系列自动式星－三角起动器适用于交流额定工作电压 380V，50Hz，额定控制功率 75 kw 及以下运行时定子绕组接成三角形的三相异步型电动机降压起动用。采用定子绕组由星形转至三角形接法，以减少起动电流及电动机起动时对配电网络的影响。

2. 起动器的安装

可逆起动器或接触器，其电气连锁装置和机械连锁装置的动作均应正确、可靠。

（1）星－三角起动器的检查、调整，应符合下列要求：

起动器的接线应正确；电动机定子绕组正常工作应为三角形接线。手动操作的星－三角起动器，应在电动机转速接近运行转速时进行切换；自动转换的起动器应按电动机负荷要求正确调节延时装置。它只适用于线圈额定电压为 380V 交流电机轻载或空载起动。

（2）自耦减压起动器的安装、调整要求：

起动器减压抽头在 65% ~ 80% 额定电压下，应按负荷要求进行调整；起动器是按短时通电考虑设计，起动时间不得超过自耦减压起动器允许的起动时间。一般在起动后，转入全压运行方式时将自耦变压器从电路断开。

手动操作的起动器，触头压力应符合产品技术文件规定，操作应灵活。

接触器或起动器均应进行通断检查；用于重要设备的接触器或起动器尚应检查其起动值，并应符合产品技术文件的规定。

九、其他电器

1. 双电源自动切换开关

一般是采用一台可逆电动机驱动二台塑料外壳式断路器，并通过控制器使双路电源自动转换，开关带有机电联锁装置，确保双电源可靠工作，适用于设备、设施不允许电源断电的场合。

它一般有自动／手动控制转换，当双电源电压正常，功能控制位于自动档时，控制器使常用电源合闸供电，备用电源分闸备用，当常用电源出现故障断电时，控制器在预定延时时间内，将常用电源切换到备用电源供电。当常用电源恢复正常时，控制器又将备用电源切换到常用电源上，以保证不间断供电。

2.电动机电子保护器

它与交流接触器组成电动机保护电路，主要用于三相电动机在运行中可能出现的断相、过载、堵转、三相不平衡等故障进行保护，可替代热继电器。有的保护器设有正常运行指示和动作保护后的故障状态记忆指示，方便查找故障原因以及采取正确的处理方法。

浪涌抑制器：保护电器免受较高的瞬时过电压并能限制持续电流的持续时间和幅度的一种器件。按不同等级的可分别装在低压主配电柜里或低压总开关柜内，楼层的分配电箱内、电梯间等。

SPD 为一端口，防触电保护，户内式固定安装，电压限制型。SPD 内置脱离器，当 SPD 因过热，击穿失效时，脱离电器能自动将其从电网上脱离，同时给出信号。SPD 正常工作时可视窗口显示绿色，失效脱离后显示红色。

第二节　配电柜

低压配电柜是将低压电路所需的开关设备、测量仪表、保护装置和辅助设备等，按一定的接线方案安装在金属柜内构成的一种组合式电气设备，用以进行控制、保护、计量、分配和监视等，适用于低压配电系统中的动力配电、照明配电。低压成套配电装置由开关电器和控制电器组成。

一、低压配电柜结构特点

低压配电柜基本可分为固定式和抽屉式两大类，常用低压配电柜有：MNS、GCS系列抽屉式低压配电柜、GGL 型低压配电柜、GGD 固定安装低压配电柜、GCL 系列动力中心和 GCK 系列电动机控制中心低压配电柜。

二、低压配电箱、柜安装及投入运前检查

安装时，配电箱、柜相互间及其与建筑物间的距离应符合设计和制造厂的要求，且应牢固、整齐美观。若有振动影响，应采取防振措施，并接地良好。两侧和顶部隔板完整，门应开闭灵活，回路名称及部件标号齐全，内外清洁无杂物。

低压配电箱、柜在安装或检修后，投入运行前应进行下列各项检查试验：

（1）检查柜体与基础型钢固定是否牢固，安装是否平直。箱、柜面应完好，箱、柜内应清洁，无积垢。

（2）各开关操作灵活，无卡涩，各触点接触良好。

（3）用塞尺检查母线连接处接触是否良好。

（4）二次回路接线应整齐牢固，线端编号符合设计要求。

（5）检查接地是否良好。

（6）抽屉式配电箱应检查推抽是否灵活轻便，动、静触头应接触良好，并有足够的接触压力。

抽出式低压开关柜单元抽屉状态：

①连接位置，主辅回路插件均已接通，单元抽屉锁定；

②试验位置，主回路插件断开，辅助回路插件接通，单元抽屉锁定；

③隔离位置，主辅回路插件均已断开，单元抽屉锁定；

④抽出位置，主辅回路插件均已断开，单元抽屉既可插入，亦可抽出。

抽屉在在推入小室以前，应检查断路器等处于分断状态，且无其他异物，再将抽屉推到试验位置；进行分合操作试验后，必须将断路器等断开，而后推入工作位置；抽屉拉出前应检查断路器等确已断开，方可将抽屉退到试验位置。

（7）试验各表计是否准确，继电器动作是否正常。

（8）用 1000V 兆欧表测量绝缘电阻，应不小于 $0.5M\Omega$，并按标准进行交流耐压试验，一次回路的试验电压为工频 1kV，也可用 2500V 兆欧表试验代替。

（9）低压配电装置所控制的负荷必须分路，避免多路负荷共用一个开关控制。

三、低压配电装置的巡视检查

为了保证低压配电装置的正常运行，对配电屏上的仪表和电器应经常进行检查和维护，并做好相关记录，以便随时分析运行及用电情况，及时发现问题和消除隐患。

对运行中的低压配电屏，通常应检查以下内容：

（1）配电屏及屏上的电气元件的名称、标志、编号等是否清楚、正确，盘上所有的操作把手、按钮和按键等的位置与现场实际情况是否相符，固定是否牢靠，操作是否灵活。

（2）配电屏上表示"合"、"分"等信号灯和其他信号指示是否正确。

（3）隔离开关、断路器、熔断器和互感器等的触点是否牢靠，电路中各部连接点有无过热、变色现象。

（4）配电室有操作模拟板时，模拟板与现场电气设备的运行状态是否对应。

带灭弧罩的低压电器，三相灭弧罩是否完整无损；运行中低压配电装置有无异音、异味、运行环境中的温度、湿度是否符合电气设备特性要求，室内电缆沟有无积水、杂物；配电箱、柜周边有无与设备运行无关的物品；电缆保护管孔洞是否已用防火材料封堵；防鼠挡板应完好在位；通往设备区的门应随手关好。

（5）巡视检查中发现的问题应及时处理，并做好记录及时上报。

四、低压配电装置的运行维护

（1）对低压配电装置的有关设备，应定期清扫和摇测绝缘电阻（对工作环境较差的应适当增加次数），如用 1000V 兆欧表测量母线、断路器、接触器和互感器的绝缘电阻，以及二次回路的对地绝缘电阻等均应符合规程要求。

（2）低压断路器故障跳闸后，只有查明并消除跳闸原因后，才可再次合闸运行。

（3）对频繁操作的交流接触器，每三个月进行检查，检查时应清扫一次触头和灭弧栅，检查三相触头是否同时闭合或分断，摇测相间绝缘电阻。

（4）经常检查熔断器的熔体与实际负荷是否相匹配，各连接点接触是否良好，有无烧损现象，并在检查时清除各部位的积灰。

①凡装有低压电源自投系统的配电装置，应定期进行传动试验，检验其动作的可靠性。

②低压配电装置的操作走廊、维护走廊均应铺设绝缘垫，且通道上不得堆放杂物。

③低压配电装置应编号，主控电器应编统一操作调度号，双面维护的配电柜，其柜前与柜后应有一致的操作编号和用途标识，馈线电器应标明负荷名称，并应标示在低压系统模拟图版上。

④低压配电装置应定期进行清扫检查维护，一般每年不少于两次，且应安排在雷雨季节前和高峰负荷到来之前。

⑤低压母线和设备连接点超过允许温度时，应迅速停下次要负荷，以控制温度上升，然后再停缺陷设备进行检修。

⑥低压电器内发生放电声响，应立即停止运行，隔离电源后，取下灭弧罩或外壳，检查触头接触情况，并摇测对地及相间绝缘电阻是否合格。

⑦低压电器的灭弧罩或灭弧栅损坏或掉落，即便是一相，均应停止该设备运行，待修复后方准使用。

⑧三相电源发生缺相运行或电流互感器二次开路时，应及时停电进行处理。

第十二章
异步电动机

第一节 异步电动机概述

电动机是根据电磁感应原理，将电能转换为机械能并输出机械转矩的一种动力装置。在电动机中，由于异步电动机具有结构简单、运行可靠、维护方便、坚固耐用、使用交流电源等优点，所以在机床、起重机械、水泵、风机、各种生产机械、电力排灌、农副产品加工设备中使用极为广泛。

一、电动机的分类

电动机的种类繁多，有多种不同的分类方法。

按使用电源的种类划分，主要有两大类：一类是直流电动机，另一类是交流电动机。交流电动机又分为同步电动机和异步电动机，其中异步电动机根据其转子结构的不同又分为笼型和绕线型；根据其所接电源相数的不同，还可分为单相电动机和三相电动机。

二、异步电动机的基本结构

三相异步电动机主要由定子和转子两个基本部分组成。定子和转子之间有一很小的气隙。另外，还有机座、轴承、端盖、风扇等部件。异步电动机的结构部件如图12-1所示。

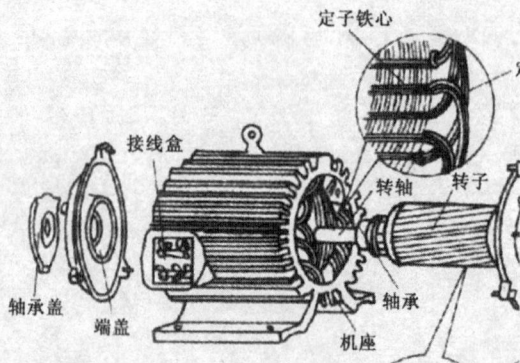

图 12-1 三相异步电动机的结构部件

1.定子部分

定子由定子铁心、定子绕组和机座三部分组成。定子绕组是电动机的电路部分，由绝缘的漆包线或丝包线（圆线或扁线）绕制而成，并嵌放于定子铁心的凹槽内，以槽楔固定。绕组间以一定规律连接并构成三相绕组。绕组的引出线分别用 U_1、U_2、V_1、V_2、W_1、W_2 来标注，下角注1、2分别为各相绕组的首、末端。这六根引线引至接线板上，根据使用需要，通过联接片可将三相绕组作"Y"形或"△"形连接，如图12-2所示。机座是用来固定并保护定子铁心和定子绕组、安装端盖、支持转子及其他零部件的固定部分。另外，机座还能起到势能传导和散发热能的作用，它一般由足够强度和刚度的铸铁制造。

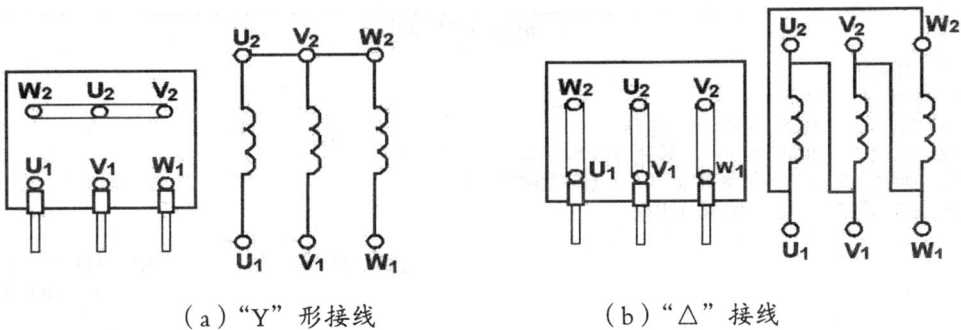

（a）"Y"形接线　　　　　　　　（b）"△"接线

图12-2 三相绕组引出线接法

2.转子部分

三相异步电动机的转子有笼型和绕线型两种型式，它们都是由转子铁心、转子绕组和转轴三部分组成。转子铁心由硅钢片叠成，是电动机磁路的一部分。

三、三相异步电动机的工作原理

三相异步电动机定子的三相对称绕组接入三相对称电源后，在电动机中就会产生大小不变的旋转磁场。在旋转磁场的作用下，转子绕组中即产生感应电动势和感应电流。转子电流与旋转磁场相互作用，产生电磁作用力，使转子转动，这就是异步电动机的工作原理。

四、旋转方向

旋转磁场的方向与电流达到正的最大值的那一相绕组的轴线总是一致的，所以旋转磁场的旋转方向总是与三相绕组电流的相序一致，即从超前相的位置向滞后的位置旋转。三相异步电动机的三相定子绕组 U_1-U_2、V_1-V_2、W_1-W_2 是按照三相电流的相序分别接到三相电源 U、V、W 上。显然，任意对调两根电源线，可使旋转磁场方向发生变化，改变三相异步电动机旋转方向。

第二节 三相异步电动机的使用

一、电动机的主要技术参数

1. 铭牌

三相异步电动机的铭牌见表 12-1。

表 12-1 三相异步电动机的铭牌数据

三相异步电动机
型号 Y180M—2 标准编号 功率 22kW　　频率 50Hz　　电压 380 V 电流 42.2A　　接法 △　　　转速 2940 r/mim 定额 连续（或 S1）　绝缘等级 B　功率因数 0.88 防护等级 IP44　　　重量 180kg 出厂编号 ×××　　　　　出厂日期 年 月 日 　　　　　　　　　　　　　　×× 电机公司

2. 主要技术参数

（1）额定电压 U_N：指电动机定子绕组规定使用的线电压值，单位是 V 或 kV。

（2）额定电流 I_N：指电动机额定运行时定子绕组的线电流，单位是 A。

（3）额定功率 P_N：指电动机在额定运行条件下转轴上输出的机械功率（保证值），单位是 W 或 kW。

（4）额定频率 f_N：指接入电动机的交流电源的频率，单位是 Hz。

（5）额定转速 n_N：电动机在额定频率、额定电压和输出额定功率时的转速，单位是 r/min。

（6）温升：指电动机在额定运行状态下运行时，电动机绕组的允许温度与周围环境温度之差，单位是 K（开 [尔文]）。

（7）工作方式：用电动机的负载持续率来表示，它表明电动机是作连续运行还是作断续运行。S_1 表示连续工作制；S_2 表示短时工作制；S_3 表示断续周期工作制。

（8）接法：指电动机在额定电压下定子三相绕组的连接方法。

（9）绝缘等级：指电动机内部所有绝缘材料所具备的耐热等级，它规定了电动机绕组和其他绝缘材料可承受的允许温度，绝缘材料的耐热分级见表 12-2。

表 12-2 绝缘材料的耐热分级

级别	Y 级	A 级	E 级	B 级	F 级	H 级	C 级
允许工作温度 /℃	90	105	120	130	155	180	180 以上

（10）型号：用英文字母和阿拉伯数字表示电动机的类型，如：

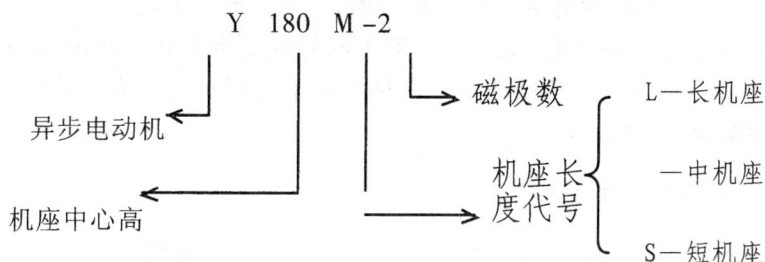

二、电动机绕组的接法

三相异步电动机的三相绕组共有六个引出线头，分别接于机壳上接线盒内的六个接线柱。接线柱上标有首、末端符号 U_1、V_1、W_1、U_2、V_2、W_2。如图 12-2 所示，U_2、V_2、W_2 连接在一起，U_1、V_1、W_1 接三相电源，即成为星形（Y）接法；U_1 与 W_2 连接在一起，V_1 与 U_2 连接在一起，W_1 与 V_2 连接在一起，而将 U_1、V_1、W_1 连接到电源，即成为三角形（△）接法。

三、电动机的起动

三相异步电动机接通三相交流电源后，转速由零逐渐加速到额定转速的过程称为起动。起动时间根据电动机功率大小和所带负载轻重决定，中、小电动机一般约为数秒。在生产过程中，电动机要经常起动与停止，因此电动机起动性能的好坏，直接影响生产。故而对异步电动机的起动一般有以下要求：

（1）有足够大的起动转矩，因起动转矩必须大于起动时电动机的反抗转矩，才能起动，起动转矩越大，加速越快，起动时间越短。

（2）在具有足够起动转矩的前提下，起动电流应尽可能小。起动电流过大，会使电网电压明显降低，影响其他电气设备的正常运行。

（3）起动设备应结构简单、经济可靠、操作方便。

（4）起动过程中的能量损耗要小。

1. 笼型异步电动机的起动

异步电动机的起动方式有两类：一类是直接起动；另一类是降压起动。

直接起动又称为全压起动，是将电动机的定子绕组直接接到额定电压的电源上起动。直接起动的优点是设备简单、操作方便、起动转矩较大、起动快；其缺点是起动电流大、造成电网电压波动大，从而影响同一电源供电的其他负载的正常运行。

影响的程度取决于电动机的容量与电源(变压器)容量的比例大小。

异步电动机的降压起动是利用一定的设备先行降低电压起动电动机,待转速达到一定时,再加额定电压运行。降压起动的目的在于减小起动电流,但由常用的降压起动方法有星—三角起动、自耦变压器降压起动等。

自耦变压器备有不同的电压抽头,如80%、65%的额定电压,以供根据负载转矩大小来选择不同的起动电压。起动电压越高,起动转矩就越大。

自耦减压起动方式的优点是起动时对电网的电流冲击小,功率损耗小。缺点是自耦变压器相对结构复杂,价格较高。这种方式主要用于较大容量的电动机,以减小起动电流对电网的影响。

2. 异步电动机起动前的检查

(1)新安装电动机应认真核对铭牌上的功率、电压、极数和接法等,接线应正确。

(2)起动设备接线应正确、牢靠,动作应灵活,触头接触良好。

(3)绕线型电动机的电刷与滑环良好,电刷提升机构灵活,电刷压力正常。

(4)新安装的电动机或停用三个月以上的电动机应摇测绝缘电阻。

(5)传动装置正常,皮带松紧合适,皮带连接牢固,联轴器坚固。

(6)传动装置及电动机、生产机械周围无杂物。

(7)用手转动电动机轴(盘车),其转动应灵活,无卡阻现象。

(8)电动机及起动装置的接地或接保护线可靠。

3. 异步电动机起动时的注意事项

(1)电动机的起动与停机均应严格遵守操作规程,操作步骤不得颠倒。

(2)合闸起动后,如电动机不转或转速过低时,应迅速切断电源,查找原因、排除故障。

(3)新安装或检修后初次投入运行的电动机,应检查电动机的转向是否正确。对要求固定转向的设备,应先将电动机的转向试好,再安装设备。

(4)必须限制电动机的连续起动次数。

(5)电动机起动后,应检查电动机、传动装置及生产机械有无异常现象,电压表、电流表的读数应正常。

(6)几台电动机由一台变压器供电时,不得同时起动,应按照由大到小逐台分别起动的原则来进行。

第三节　三相异步电动机的控制及保护

电动机是生产机械设备的拖动装置,其转向取决于机械设备工艺生产的要求。机械设备不仅需要电动机单方向运转,或还需要其正反两个方向运转。

一、三相异步电动机的控制

1. 单方向运转控制

单方向运转的控制电路如图 12-3 所示。

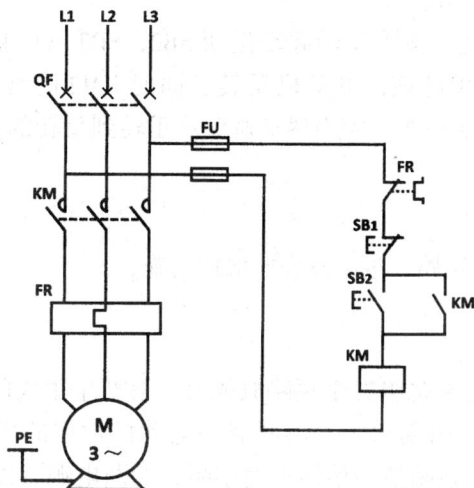

图 12-3 三相异步电动机单方向运转控制电路原理

　　按下起动按钮 SB2，接触器 KM 的线圈接通电源后动作，其常开辅助接点闭合，实现自锁，接触器 KM 的主触头闭合，电动机起动运转。

　　按下停止运行按钮 SB1，接触器 KM 失电释放，其主、辅触头均复位，自锁消除，电动机停止转动。

　　另外，将并接在按钮 SB2 两端的接触器 KM 的常开辅助接点拆下，即可实现电动机点动控制。

2. 正反方向运转控制

正反方向运转控制电路如图 12-4 所示。

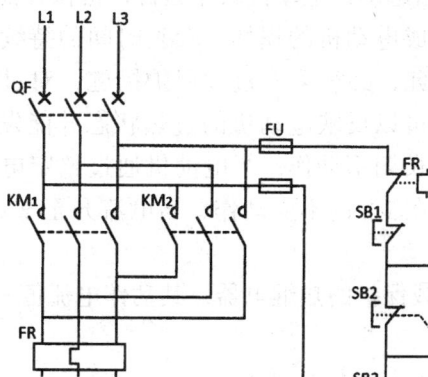

图 12-4 三相异步电动机正反转控制电路

按下正转起动按钮 SB3，接触器 KM1 的线圈接通电源后动作，其常开辅助接点闭合，实现自锁，正转接触器 KM1 的主触头闭合，电动机正转。正转接触器常闭辅助接点 KM1 同时打开，切断反转接触器 KM2 电源回路，以防 KM2 误动作。

按下停止运行按钮 SB1，正转接触器 KM1 失电释放，其主、辅触头均复位，自锁消除，电动机停止转动。

电动机停止运转后，按下反转起动按钮 SB2，SB2 常闭接点分断，SB2 的常开接点闭合时，KM2 吸合并自锁，电动机反转。同时 KM2 的常闭接点分断，断开 KM1 电源回路，以防 KM1 误动作。应当尽量避免从正转到反转的直接操作。

二、电动机保护

电动机通常应具有短路、过载及失压保护措施。

1. 短路保护

三相异步电动机定子绕组发生短路故障时，会产生很大的短路电流，造成线路过热甚至导线熔化，可能引起火灾。熔断器是电动机常用的短路保护装置之一，当电动机发生短路故障时，熔断器的熔体迅速熔断，切断电源，以防止事故扩大。

熔体选择的要求：

一台电动机熔体的选择

$$I_{NFU} = (1.5 \sim 2.5) I_N$$

式中 I_{NFU} —熔断器熔体的额定电流，A；

I_N —电动机的额定电流，A。

当电动机直接起动或重载起动时，起动电流较大，且起动时间较长，可取较大的系数；当电动机轻载起动或降压起动时，起动电流较小，且起动时间较短，可取较小的系数。

2. 过载保护

运行中的电动机有时会出现过热，主要原因包括：电网电压太低；机械过载过重；起动时间过长或电动机频繁起动；电动机缺相运行；机械方面故障等。

短时间的过载不会造成电动机的损坏，较长时间的持续过载会损坏电动机的绝缘，导致电动机烧毁。因此，必须采取过载保护措施，对过载保护装置通常采用热继电器来实现。热继电器可以反映电动机的过热状态并能发出信号。当电动机通过额定电流时，热继电器应长期不动作；当电动机通过整定电流的 1.05 倍电流时，从冷态开始运行，热继电器在 2 h 内不应动作；当电流升至整定电流的 1.2 倍时，则应在 2 h 内动作。

用来对电动机进行过载保护的热继电器，其动作电流值一般按电动机的额定电流值整定。

3. 失(欠)压保护

运行中的电动机电压过低时，如负载功率不变，电流必然增大，会烧毁电动机。因此，在电网电压过低时，应及时切断电动机的电源。同时，当电网电压恢复时，不允许电动机自行起动，以防发生设备事故和人身事故。电动机应有失压保护装置。

使用接触器控制电动机时，具有失压保护功能。

第四节　三相异步电动机的运行维护和检查要求

一、监测与维护

1. 监视电动机各部分发热情况

电动机在运行中温度不应超过其允许值，否则将损坏其绝缘，缩短电动机寿命，甚至烧毁电动机，发生重大事故。因此对电动机运行中的发热情况应及时监视。一般绕组的温度可由温度计法或电阻法测得。温度计法测量是将温度计插入吊装环的螺孔内，以测得的温度加 10℃ 代表绕组的温度。测得的温度减去当时的环境温度就是温升。根据电动机的类型及绕组所用绝缘材料的耐热等级，制造厂对绕组和铁心等都规定了最大允许温度或最大允许温升，一般均按允许的最高温度扣除 35℃ 就是允许温升。

2. 监视电动机的工作电流和三相平衡度

电动机铭牌额定电流系指室温 35℃ 时的数值。运行中的电动机电流不允许长时间超过规定值。三相电压不平衡度一般不应大于线间电压的 5%；三相电流不平衡度不应大于 10%。一般情况下，在三相电流不平衡而三相电压平衡时，可以表明电动机故障或定子绕组存在匝间短路现象。

3. 监视电源电压的波动

电源电压的波动能引起电动机发热。电源电压增高，磁通增大，励磁电流增加，从而造成铁损增加；线路电压降低，磁通减小。当负载转矩一定时，转子电流增大，定子绕组电流也增大。可见，电源电压的增高或降低，均会使电动机的损耗加大，造成电动机温升过高。在电动机输出力不变的情况下，一般电源电压允许变化范围为 +10% ～ — 5%。

4. 监视电动机的声响和气味

运行中的电动机发出较强的绝缘漆气味或焦糊味，一般是因为电动机绕组的温升过高所致，应立即查找原因。

通过运行中电动机发出的声响，可以判断出电动机的运行情况。正常时，电动机的声音均匀，没有杂音。如在轴承端出现异常声响，可能是电动机的轴承部位故障；如出现碰擦声，可能是电动机扫膛（即定子与转子相摩擦）；如出现"嗡嗡"声，可能是负载过重或三相电流不平衡；如"嗡嗡"声音很大，则可能是电动机缺相运行。

二、立即停止运行的异常情况

（1）电动机或所生产机械出现严重故障或卡死。
（2）电动机或电动机的起动装置出现温升过高、冒烟或起火现象。
（3）发生人身事故。
（4）电动机组出现强烈振动。
（5）电动机转速出现急剧下降，甚至停车。
（6）电动机出现异常声响或焦糊气味。
（7）电动机轴承的温度或温升超过允许值。
（8）电动机的电流长时间超过铭牌额定值或在运行中电流猛增。
（9）电动机缺相运行。

三、定期维修

运行中的电动机除应加强监视外，还应进行定期的维护与检修，以保证电动机的安全运行，并延长电动机的使用寿命。

电动机的检修周期应根据其周围的环境条件、电动机的类型以及运行情况来确定。一般情况下，电动机应每半年到一年小修一次；每1~2年大修一次。如周围环境良好，检修周期可适当延长。

1.电动机小修内容

（1）清扫电动机外部的灰尘或油垢。
（2）检查电动机轴承的润滑情况，补换润滑油。
（3）绕线型电动机应检查滑环、调换电刷。
（4）检查出线盒引线的连接是否可靠，绝缘处理是否得当。
（5）检查并紧固各部螺栓。
（6）检查电动机外壳接地或接保护线是否良好。
（7）摇测电动机的绝缘电阻。
（8）清扫起动装置与控制电路。
（9）检查冷却装置是否完好。

2.电动机的大修内容

（1）电动机解体检修并清除污垢。
（2）检查定子绕组的绝缘情况，槽楔有无松动，匝间有无短路或烧伤的痕迹。
（3）检查通风装置是否完好。

（4）检查有无扫膛现象。

（5）检查转子笼条有无断裂。

（6）对电动机外壳进行补漆。

（7）测量电动机绕组和起动装置的直流电阻、各绕组间的绝缘电阻差值不得大于2（换算为同一温度）。

第五节　三相异步电动机常见故障及处理

三相异步电动机在运行中可能出现故障，产生的原因非常复杂。需要根据故障的现象以及以往运行中出现过的问题，对故障进行分析，然后确定相应的对策。

一、温升过高

运行中的三相异步电动机温度过高的原因和处理方法：

（1）电源电压过高或过低，应检查和调整电源电压。

（2）三相电压不平衡甚至缺相运行，应检查电源、熔丝、开关、起动装置以及接线等是否有断相的现象，检查三相电压是否平衡，并排除故障点。

（3）绕组的相间或匝间短路，采用电桥测试各相绕组的直流电阻值，以便确定如何修理或更换绕组。

（4）绕组接地，用兆欧表摇测绝缘电阻，检查绝缘损坏原因，并增强绝缘或更换绕组。

（5）轴承缺油或损坏，应检查、加油或更换轴承。

（6）过载运行，应降低负载或更换大容量的电动机。

（7）风道堵塞，应清除风道杂物，加强环境管理。

（8）环境温度过高，应加强通风并改善散热效果。

二、三相电流不平衡

三相异步电动机三相电流不平衡的原因和处理方法：

（1）三相电源电压不平衡应检查电源电压。

（2）定子绕组匝间短路，一般在匝间短路情况下，熔丝不熔断。但三相电流出现不平衡时，被短路部分的绕组发热，有可能使故障扩大，因此必须停机检查处理。

（3）定子绕组一相断线，当电动机每相绕组的几条并联支路的一条或几条断路，将造成三相阻抗不相等，从而引起三相电流的不平衡。最为严重的断线是一相断线或一相熔丝熔断所造成的电动机缺相运行。这时其余两相绕组电流增加很多，转速下降，温度升高很快，必须立即停机检查。

（4）熔断器、接触器或起动器的主触头以及主回路的连接点接触不良或有断开点，应停机检查处理。

三、绝缘电阻降低

三相异步电动机绝缘电阻降低的原因和处理方法：
（1）绕组受潮：应进行烘干处理（烘干温度应控制在规定范围内）。
（2）绕组上灰尘、碳化物过多：应予以清除。
（3）引出线及接线盒内的绝缘不良：应重新处理包扎或更换。
（4）绕组过热使绝缘老化：应重新浸漆或重绕。

四、电刷冒火或滑环烧损

电动机电刷冒火或滑环烧损的原因和处理方法：
（1）电刷的压力调整不匀：应按规定压力重新调整。
（2）电刷与引线的接触不良：应重新接线。
（3）滑环表面不平，有砂眼、麻点：应加工磨平。
（4）电刷选择不当或质量低劣：应更换为厂家指定的电刷。
（5）维护不当，长期未清扫，滑环表面有污垢：应定期清扫。
（6）检修质量不高或刷握调整不当：应提高检修质量。

五、内部起火冒烟

运行中的电动机起火冒烟时应立即停机，一般出现起火冒烟的主要原因：

1. 长时间过载运行

当电动机过载时，电流增大，导致电动机绕组过热，绝缘受到损害。如过载保护能及时动作，不会产生很大影响。否则，将使电动机绕组长时间处于过热状态，绝缘破坏，起火冒烟。

2. 电源电压过高或过低

当电源电压过高时，可能导致定子铁心磁饱和，电流激增，从而使电动机过热，严重时可能起火冒烟；当电源电压过低时，如机械负载并未改变，也会引起电动机过热，严重时会出现起火冒烟。

3. 电动机长时间缺相运行

星型接法的电动机将会使得其两相电流增加，而三角形接法的电动机将造成一相电流增加，使绕组过热，甚至起火冒烟。

4. 电动机转子与定子相擦（扫膛）

有部分绕组将发热甚至冒烟，在绕组上可看到有楔子烧焦的现象或定子与转子之间有火花进出。

5. 转子铜条松动

这种故障往往使转子发热比较严重，甚至有可能引起冒烟起火。

6. 接线错误

在接线时误将星型接法的绕组接成了三角形。这时不论负载大小，电动机均会出现过热现象，甚至起火冒烟；如将三角形接法的电动机误接成星形时，在空载的状态下电动机不会出现过热，而一旦加上负载后，电动机温度将迅速升高，甚至起火冒烟；如果将电动机的一相绕组反接，那么电动机温度将急剧升高，甚至起火冒烟。

7. 定子绕组短路或接地，转子绕组接头松脱，机械卡阻

电动机出现出力不足，转速下降，甚至出现起火冒烟。

8. 笼型电动机转子断条或绕线型电动机转子断线

出现出力不足，转速下降，这是起火冒烟的原因之一。

六、起动困难或不能起动

电动机起动困难或不能起动的原因有以下几方面。

1. 电动机本身原因

（1）电动机选择不当，如笼型电动机不能用来起动惯性大或静阻力矩大的机械，应选用绕线型或双笼型电动机。

（2）定子绕组有短路故障，将导致电动机起动转矩过小。

（3）绕线型电动机的转子断线或接头松脱，滑环与电刷接触不良，将导致电动机的起动转矩过小。

（4）误将三角形接法的电动机接成了星型或一相绕组的首末端反接，电动机起动转矩减小。

（5）电动机扫膛，定子与转子相摩擦，起动困难甚至不能起动。

2. 电源原因

（1）电源缺相。

（2）电源电压太低，电动机起动转矩小。

（3）选用自耦减压起动时其抽头选得太低。

3. 机械原因

（1）联轴器校正不好或皮带过紧。

（2）机械阻力矩过大或有卡阻、转动不灵活或根本不能转动。

七、起动转速低

这种故障现象通常是空载运转没有问题，而一旦加上负载，其转速急剧下降；如带负载起动，则起动不起来。其故障原因一般是：

（1）定子绕组电压过低：应检查电源电压是否正常并设法调整。

（2）笼型转子断条：应找出断条的部位并修好。

八、轴承过热

电动机的滚动轴承超过 100℃时，通常称为轴承过热。引起轴承过热的原因有：

（1）轴承损坏：应更换轴承。

（2）轴承扭歪、卡滞或安装不正：应重新装配并调整。

（3）润滑油干涸或太少：应清洗轴承，并填入适量的润滑油。

（4）润滑油不纯，有灰砂、铁屑等：应更换符合质量要求的润滑油。

（5）有漏油现象并发热或润滑油过多：应按规定数量调整油量。

（6）电动机端盖、轴承盖、机座不同心：其各元部件应找正后重新装配。

（7）联轴器装配不正或皮带过紧：重新装配或调节皮带的松紧。

九、振动

电动机在运行中出现振动的原因有：

（1）电动机基础不平或稳固不好：应找平基础并稳固。

（2）联轴器装配不正或机械动平衡不良：应重新装配或重新调节动平衡。

（3）轴弯曲、转子不直或轴承损坏等引起扫膛：前者可加工调直，后者应更换轴承。

（4）风扇叶损坏或松脱：应修理扇叶或安装牢固。

（5）所拖动负载的振动传递给电动机：应解决生产机械的振动问题。

十、声音异常

（1）轴承部位发出"喳喳"声：可能轴承缺油。

（2）轴承部位出现"咕噜"声：可能轴承损坏。

（3）电动机发出较大的低沉的"嗡嗡"声：可初步判断为电动机缺相运行；如声音较小，则可能是电动机过载运行。

（4）电动机出现刺耳的碰擦声：说明电动机可能有扫膛现象。

（5）电动机出现低沉的吼声：可能电动机的绕组有故障，或出现三相电流不平衡。

（6）电动机发出时低时高的"嗡嗡"声，同时定子电流时大时小，发生振荡：可能是笼型转子断条或绕线型转子断线。

（7）电动机发出较易辨别的撞击声：一般是机盖与风扇间混有杂物或风扇故障。

第六节　单相异步电动机

根据起动方法的不同，单相异步电动机主要分为分相起动电动机、电容运转电动机、罩极电动机和串励电动机等类型。

一、单相异步电动机的结构

单相异步电动机主要结构与三相异步电动机基本相同。

单相异步电动机的定子铁心由硅钢片叠压而成，铁心槽内嵌置两套绕组。其中一套是主绕组，另一套是辅助绕组。两套绕组的中轴线应错开一定的角度。

单相异步电动机的转子与三相异步电动机相同，转子铁心由硅钢片叠压而成。转子铁心槽内装有笼型绕组。

二、起动元件

单相异步电动机的起动装置串联在辅助绕组的线路中。当电动机转速达到同步转速的80%时，起动装置将辅助绕组与电源断开。目前，起动装置有离心开关和起动继电器两种。

三、分相起动电动机

分相起动电动机分为电容分相起动和电阻分相起动两类。起动时在辅助绕组中串以电容器，运转时切除的电动机称为电容分相起动电动机。起动时在辅助绕组中串以电阻，运转时使辅助绕组脱开电源的电动机（或辅助绕组本身比主绕组电阻大），称为电阻分相起动电动机。

1. 电容分相起动电动机

电容分相起动电动机原理接线如图 12-5 所示。电容器一般安装在机座顶上，并通过起动装置接在辅助绕组的电路中，两绕组的出线端 D_1、D_2、F_1、F_2 接在接线板并接于同一单相电源上。如果电容选用恰当，可以使辅助绕组电流在时间相位上超前于主绕组电流 90° 电角度。

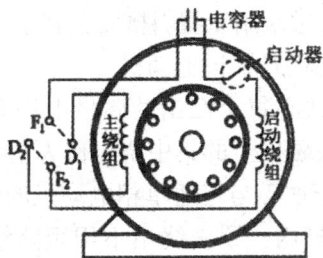

图 12-5　电容分相起动电动机原理

单相电动机的两个间互差90°电角度的绕组，通以互差90°电角度相位的电流所产生的两相合成磁场是一个旋转磁场，可以在电动机转子中产生一个起动转矩。

单相电动机转子的旋转方向同三相电动机一样，和旋转磁场的方向一致。因此只要将两相绕组中任一相的头尾对调接至电源，就可以改变两相合成磁场的旋转方向，从而改变单相电容起动电动机的旋转方向。

电容分相起动电动机所得到的起动转矩较大，而起动电流 I_s 却较小，其起动性能较好。因此，适用于要求起动转矩较大或要求起动电流较小的机械。

电容分相起动电动机所用电容器工作时间不长，可以采用电解电容器。

2. 电容运转电动机

这种电动机与电容分相起动电动机相似，但其与辅助绕组串联的电容器始终接在电源上工作。因此，这种电动机实质上是两相电动机。

电容运转电动机具有较好的运行性能，其功率因数、效率、过载能力均比其他单相电机高，无起动装置。但是，这种电动机的起动转矩较小，适用于起动比较容易的机械，如小型吹风机、医疗器械等。

电容运转电动机所使用的电容器是纸介质电容器或油浸纸介质电容器，而不是电解电容器。

3. 电阻分相起动电动机

电阻分相起动电动机的原理与电容分相起动电动机的原理相似，但辅助绕组没有串联电容器。这种电动机通过设法控制两套绕组的电阻及电抗来获得两套绕组电流的相位差。具体途径是：

（1）辅助绕组使用细导线以增大辅助绕组的电阻。

（2）辅助绕组匝数比主绕组少，以减少辅助绕组抗。

（3）两个绕组在同一个槽内时，将主绕组放在槽底，辅助绕组放在槽上部，这样使主绕组电抗增大，辅助绕组电抗减小。

由于电阻分相电动机的两绕组中电流之间的相位差难以达到90°电角度，因此，较电容分相电动机的起动转矩小、起动电流大。

4. 罩极电动机

磁极的一部分用短路环罩住的电动机，称为罩极电动机。罩极式电动机是单向交流电动机中最简单的一种，通常采用笼型斜槽铸铝转子。它根据定子外形结构的不同，又分为凸极式罩极电动机和隐极式罩极电动机。

凸极式罩极电动机定子铁心每个凸出的磁极上均有一个或多个起辅助作用的短路铜环，作为罩极绕组。凸极磁极上的集中绕组作为主绕组。

隐极式罩极电动机的定子铁心与普通单相电动机的铁心相同，其定子绕组采用分布绕组，主绕组分布于定子槽内，罩极绕组不用短路铜环，而是用较粗的漆包线绕成分布绕组（串联后自行短路）嵌装在定子槽中，起辅助组的作用。

当罩极电动机的主绕组通电后，罩极绕组也会产生感应电流，使定子磁极被罩极绕组罩住部分与未罩部分向被罩部分的磁通取得不同相位，产生旋转磁场。

罩极电动机结构简单，起起动转矩都很小，用于空气净化器、取暖器、电风扇等。由于其主绕组和罩极绕组的位置是固定的，罩极电动机不能改变方向。

5. 单相串励电动机

单相串励电动机是一种交、直流两用的电动机。它的构造和工作原理基本上与一般串励直流电动机相似。由于其体积小、转速高、起动转矩大且转速可调，而在电动工具等领域得到了广泛应用。

由于单相串励电动机的空载转速非常高，因此，使用这种电动机带动的电动工具，在检修完毕后，一般不可拆下减速器进行试车，以防止引起飞车事故而损坏电动机。

第十三章
电力电容器

电力电容器包括移相电容器、串联电容器、耦合电容器、均压电容器等多种电容器，本章指的是移相电容器。移相电容器的直接作用是并联在线路上补偿无功功率，提高线路的功率因数，因此，移相电容器也称为并联补偿电容器。

第一节　电力电容器在电力系统中的作用

一、电力电容器在电力系统中的作用

在电力系统中接入电力电容器进行无功补偿。其作用是：

1. 补偿无功功率，提高功率因数

电路中感性负载瞬时所吸收的无功功率，可从电力电容器同一瞬时所释放的无功功率中得到补偿，这样减少了电网的无功输出，从而可提高电力系统的功率因数。

2. 降低功率损耗和电能的损失

在有功功率不变的情况下，当功率因数提高后，会使线路上的电流减小，从而降低了线路和变压器的电能损耗。

3. 改善电压质量

线路中的无功功率减少，降低了线路中的电流，减少了线路的电压损失，使用电电压质量得到了改善。

二、低压电力网中电力电容器的补偿方式

电力电容器与电力网的连接，要求两者额定电压相符并据此决定电容器的接法。低压电力电容器一般多采用三角形接法，常用的补偿方式可分为个别补偿、分散补偿和集中补偿三种。

1. 个别补偿

个别补偿也称就地补偿，是在用电设备附近，按照用电设备无功功率的需求量装

设电力电容器，与用电设备直接并联，两者同时投入运行或断开，使安装的电力电容器达到就地充分补偿的程度。采用个别补偿可以最大限度地减少因线路流过无功电流造成的电能损失，变压器、开关、线路的容量可相应降低，补偿效益最好。其缺点是电力电容器利用率低；有可能产生自激过电压；投资费用较高。

2. 分散补偿

这种补偿方式是将电力电容器接在车间配电母线上，电容器利用率较高，投资费用较少，但只能补偿供电线路和变压器的无功功率。

3. 集中补偿

这种补偿方式是将电力电容器安装在变配电所内，补偿电容器按变配电所负荷选择。其安装所需容量比个别补偿或分散补偿所需量少，电力电容器的利用率高，但补偿效果差。

第二节 电力电容器的结构与主要参数

一、低压并联电容的结构

低压金属化膜并联电容器，如 BSMJ、BKMJ、BCMJ 型等。

并联电容器由外壳和芯子组成。外壳用薄钢板密封焊接而成。外壳盖上装有出线绝缘套管和接线螺栓，一侧上面装有接地保护螺栓，如图 13-1 所示。

图 13-1 低压并联电容结构外型（BSMJ）

内芯由若干个元件和绝缘件叠压而成。元件用电容器纸或膜纸复合介质或纯薄膜介质和铝箔作板卷制而成。为适应各种电压、元件可结成串联或并联。

电容器内部一般内装自放电电阻和保险装置。内装放电阻能使电容器上所储的电能自动泄放；当电容器发生故障时，保险装置能及时断开电源，确保使用安全。电容器从电网断开时能自行放电，正常情况下在 3 ~ 10min 后可降至 75V 以下。电容器有优良的自愈性能，过电压所造成的介质局部击穿能迅速自愈，恢复正常工作，使可靠性提高。

二、并联电容器铭牌和主要技术数据

1. 国产并联电容器的命名规则

并联电容器铭牌上一般标有型号、额定电压、额定电流、额定容量、额定频率、温度类别、电容值、连接符号、制造厂名称及商标等。

国产低压并联电容器 BSMJ0.4—20–3 型的型号含义：表示并联自愈式低压电力电容器，固体介质为石蜡，额定电压为 0.4 kV，额定容量为 20 kVA，三相，户内型，极间 1.75 倍额定电压 10 s。

2. 电容值

铭牌上的电容值单位是 μF，为每台电容器实测电容值，与根据标称容量换算成的电容值误差不超过 ±10%。

3. 频率

频率指并联电容器的额定工作频率。

4. 接法△

接法△指电容器接线为三角形接线。

第三节　电力电容器的安全运行

一、电容器安装与接线

电容器所在环境温度不应超过 40℃；周围不应有腐蚀性气体或蒸气、不应有大量灰尘或纤维；所安装环境应无易燃、易爆危险或强烈振动。

电容器室应有良好的通风。

电容器外壳和钢架均应采取接 PE 线措施。

电容器应有合格的放电装置。低压电容器可以用灯泡或电动机绕组作为放电负荷。放电电阻阻值不宜太高。只要满足经过 30 s 放电后，电容器最高残留电压不超过特低电压即可。

低压三相电容器内部为三角形接线；每台电容器应能分别控制、保护和放电。

二、电容器运行参数

电容器运行中电流不应长时间超过电容器额定电流的 1.3 倍。电压不应长时间超过电容器额定电压的 1.1 倍。电容器使用环境温度不超过 ±40℃。电容器外壳温度不得超过生产厂家的规定值(一般为 60℃或 65℃)。

三、电容器投入或退出

正常情况下，应根据线路上功率因数的高低、电压的高低投入或退出并联电容器。当功率因数低于 0.9、电压偏低时应投入电容器组；当功率因数高于 0.95 且有超前趋势、电压偏高时应退出电容器组。

当运行参数异常，超出电容器的正常工作条件时，应退出电容器。如果电容器三相电流明显不平衡，也应退出运行，进行检查。

发生下列故障情况之一时，电容器组应紧急退出运行：

（1）连接点严重过热甚至熔化。

（2）绝缘套管严重闪络放电。

（3）电容器外壳严重膨胀变形。

（4）电容器或其放电装置发出严重异常声响。

（5）电容器爆破。

（6）电容器起火、冒烟。

四、电容器操作

进行电容器操作应注意以下五点：

（1）正常情况下配电室停电操作时，应先拉开电容器的开关，后拉开各路出线的开关；正常情况下配电室恢复送电时，先合上各路出线的开关，后合上电容器线的开关。

（2）配电室事故停电后，应拉开电容器的开关。

（3）电容器断路器跳闸后不得强送电；熔丝熔断后，查明原因之前，不得更换熔丝送电。

（4）电容器不允许在其带有残留电荷的情况下合闸。否则，可能产生很大的电流冲击。电容器重新合闸前，至少应放电 3 min。

（5）为了检查、修理的需要，电容器断开电源后，工作人员接近之前，不论该电容器是否装有放电装置，都必须用可携带的专门放电棒进行人工放电。

五、电容器保护

低压电容器用熔断器保护时，单台电容器可按电容器额定电流的 1.5 ～ 2.5 倍选用熔体的额定电流；多台电容器可按电容器额定电流之和的 1.3 ～ 1.8 倍选用熔体的额定电流。

电网谐波会对电容组的运行产生很大影响，可能导致电容器组因过流而退出运行，这样不能有效地补偿无功功率，会导致功率因数下降及线损增加，也会造成电容器设备投资的浪费。因而，应合理配置电容器和电抗器，避免发生谐振，控制谐波电流放大，从而保证电容器、电抗器和整个电网的安全运行。

六、电容器故障判断及处理

1. 外壳膨胀

外壳膨胀主要由电容器内部分解出气体或内部部分元件击穿造成。外壳明显膨胀应更换电容器。

2. 温度过高

温度过高主要由过电流（电压过高或电源有谐波）或散热条件差造成，也可能由介质损耗增大造成。应严密监视，查明原因，有针对性地处理。如不能有效地控制过高的温度，则应退出运行；如是电容器本身的问题，应予更换。

3. 套管闪络放电

套管闪络放电主要由套管脏污或套管缺陷造成，如套管无损坏，放电仅由脏污造成，应停电清扫，擦净套管；如套管有损坏，应更换电容器。处理工作应在停电时进行。

4. 异常声响

异常声响由内部故障造成。异常声响严重时，应立即退出运行，并停电更换电容器。

5. 电容器爆破

电容器爆破由内部严重故障造成。应立即切断电源，处理完现场后更换电容器。

3. 熔丝熔断

如电容器熔丝熔断，应进行诊断查明原因，并做适当处理后再投入运行。没有查明原因，不得强行投入，否则可能产生很大的冲击电流，酿成事故。

第十四章
照明装置

第一节 电气照明的方式与种类

一、照明电压

（1）一般房间正常照明，固定安装的灯具均采用对地电压不大于 250 V 的电压，即 220 V。

（2）事故照明一般采用 220 V 的电压，以便与工作照明线路互相切换。

（3）一般场所的局部照明和移动照明，如行灯宜采用 36 V 或 24 V 的电压。

（4）恶劣工作环境，如坑道、金属容器中的移动照明应采用 12 V 的工作电压。

二、照明种类

1. 工作照明

工作照明亦称常用照明，工作照明是保证在工作时生产视觉条件的各种照明。

2. 事故照明

事故照明是因正常照明的电源失效而启用的照明，包括疏散照明、安全照明、备用照明。

三、照明配电系统图与平面图

1. 照明配电系统图

照明配电系统图是用电气符号或带注释的框，表示照明配电系统的基本组成、各个组成部分之间的相互关系、连接方式、各组成部分的电器元件和设备主要特征的图。通过系统图可以了解工程的全貌和规模。

2. 照明配电平面图

照明配电平面图是通过一定的图形符号、文字符号具体地表示所有电气设备和线路的平面位置、安装高度、设备和线路的型号、规格、线路的走向和敷设方法、敷设部位。它是进行电气安装的主要依据。

第二节　照明灯具和电气照明装置的安装

一、导线截面选择

（1）照明线路导线的截面应符合载流量、电压损失及机械强度等要求，并与保护设备相配合。照明灯具的灯头线，在一般无碰撞场所，室内多采用铜芯软线，最小截面不小于 0.5 mm²，室内或建筑工地多采用铜芯硬线，最小截面不小于 1 mm²。

（2）小于 400 W 的高压水银灯、高压钠灯的导线截面不小于 15mm²；大于 400W，小于 1000 W，导线截面不小于 2.5 mm²，而且使用的铜芯软线或硬线不能散股，需压接接线端子或涮锡。

（3）导线通过大电流会发热，温度升高会损坏绝缘，引起火灾。架空裸导线温度过高也会降低机械强度，增大导线接触电阻，甚至出现断线事故。计算用电负荷电流要小于导线长期允许电流。

（4）照明线路允许电压损失，规定为额定电压的 5% ~ 10%。

（5）照明和一般低压配电线路首先按环境温度，根据导线允许电流选择导线截面，然后再核算电压损失，使其不超过允许值。

二、照明装置安装

照明装置的安装包括灯具、开关、插座的安装，以及为其供电的配电盘的安装等。

1. 照明配电箱

（1）车间内照明，一般由配电箱控制，各分支回路由分支配电箱控制。

（2）室内照明支线，每一个单相回路，灯具和插座的数量不得超过 25 个，断路器过流脱扣电流值不应大于 15 A。

（3）凡是使用插座的，必须加剩余电流动作保护器。

（4）照明配电箱宜设置在靠近照明负荷中心便于操作维护的位置。

2. 照明灯具固定

（1）软线吊灯，灯具重量在 0.5 kg 及以下时，采用软电线自身吊装；但导线连接点不得受力，如用吊盒和灯口时，应在吊盒和灯口内做结扣，灯线接头应顺时针弯圈，再用螺钉拧紧。

（2）灯具重量大于 0.5 kg 的灯具应采用吊链、吊管吊装，灯线不得受力。

（3）灯具重量超过 3 kg，应采用专用的、标准合格的预埋件和吊装件。

预埋件在混凝土内的做法如图 14-1 所示，金属预埋件和吊装件应与保护线（PE

线）连接。

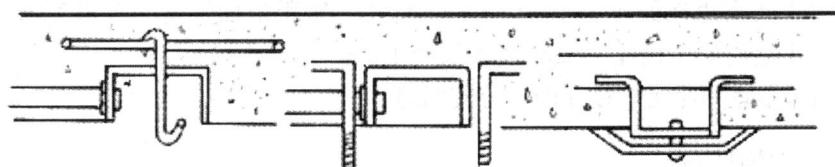

图 14-1 灯具预埋件在混凝土内的做法

3. 灯具悬挂高度

（1）一般敞开式灯具，灯头距地一般规定为室内不低于 2.5 m、室外不低于 3 m。

（2）灯头距地高度不能满足要求时，应采用其他防护灯具或安全灯。

（3）大功率、辐射温度高，照度高的灯，应按照厂家规定要求安装。

4. 灯口安装

（1）灯泡功率在 100 W 以下，可用胶木灯头，灯泡功率在 100 W 及以上或潮湿场所用防潮封闭式灯具并用瓷质灯头。

（2）相线经开关进入灯头，接在螺丝口灯头中心接线柱上，中性线接在螺丝扣的接线柱上。

（3）灯头线不得有接头，绝缘强度不低于 500 V，宜用护套线。普通塑料软线，需要套塑料管。

（4）易燃易爆场所应用相应的防爆灯具。

5. 开关的安装

（1）拉线开关距地面高度 2 ~ 3 m，层高小于 3 m 时，拉线开关距顶板不小于 100mm，拉线出口垂直向下。工业厂房里不宜用拉线开关。

（2）翘板开关距地面高度 1.3m，其边缘距门框边缘的距离 0.15 ~ 0.2m。

（3）同一室内开关的控制与灯具的位置相对应。

（4）开关应控制相线。开关的选择应与灯的额定电流相适应。

（5）明装开关应装于绝缘台上，暗装开关应与墙面平整。

（6）室外应用防水开关，潮湿场所应用封闭式开关，易燃易爆场所应用符合要求的防爆开关。

三、插座的安装与接线要求

1. 插座的安装要求

（1）不同电压的插座应有明显的区别，不能互用。

（2）凡为携带式或移动式电器用的插座，单相应用三孔插座，三相应用四孔插座，其接地孔应与保护线可靠接牢。

（3）明装插座距地面不应低于 1.8 m，暗装插座距地面不应低于 0.3 m，儿童活动场所的插座应用安全插座，或高度不低于 1.8 m。

（4）插座不宜和照明灯接在同一分支回路。

2. 插座的选择与接线

插座有单相二孔、单相三孔、三相四孔及三相五孔之分，插座容量民用建筑有 10 A 和 16 A，选用插座要注意其额定电流值应与通过的电器和线路的电流值相匹配，如果过载，极易引发事故。选型时还要注意 3C 产品，插座接线时不能接错，应按如图 14-2 和图 14-3 所示接线。

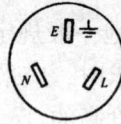

图 14-2 单相三孔插座的排列及标志

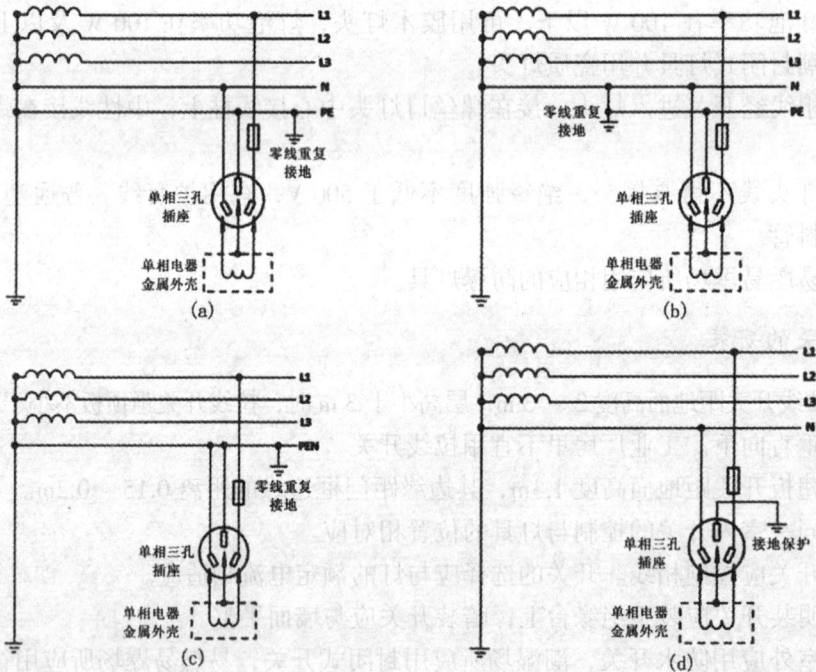

图 14-3 单相三孔插座的正确接线方法

插座接线应符合下列规定：

（1）单相两孔插座，面对插座的右孔或上孔与相线连接，左孔或下孔与中性线（零线）连接；单相三孔插座，面对插座的右孔与相线连接，左孔与中性线（零线）连接。

（2）单相三孔、三相四孔及三相五孔插座的接 PE 线或接 PEN 线接在上孔。插座的接地端子（PE）不与中性线（零线）端子（N）连接。同一场所的三相插座，接线的相序一致。

（3）PE 或 PEN 线在插座间不串联连接。

第三节　常见故障处理

照明灯具的故障原因是多方面的，需要具体问题具体分析。有的属于外部原因，如供电电源电压的高低，线路发生中性线断线故障等；有的属于灯具本身的原因，如接线错误、元件选配不当、灯具质量不良、安装质量不良等。常见故障及处理方法如下：

1. 螺口灯口处带电

这是线路接线错误，应将相线与中性线位置互换。

2. 合上开关熔丝立即熔断

说明照明电路内部有短路故障，必须首先排除短路故障点后，方可更换熔丝重新合闸送电，否则可能造成事故扩大，严重时会引起火灾。

3. 合上开关灯不亮

原因很多，主要有：灯管损坏；电源电压过低和气温过低；接线错误等都会造成灯不亮。因此，首先用一只新灯管试验，如不亮再做其他检查，如熔断丝熔断，更换熔断丝后即可正常。

4. 节能灯工作一段时间后，灯光颜色变成粉红色

这主要是因为灯内汞不足造成，属灯管制造过程中产生的不良情况，应及时更换灯管。

照明灯具在运行中需要加强维护，定期检查清扫，及时发现缺陷立即解决，使照明装置安全可靠地运行。

第十五章
电气线路

电气线路是电力系统的重要组成部分，担负着输送和分配电能的重要任务。电气线路种类很多，按其电压高低，一般将 1 kV 以下的线路称为低压线路，1 kV 以上的线路称为高压线路。按其结构及敷设方式，分为架空线路、电缆线路、穿管线路等。

第一节　架空线路

架空线路由电杆、底盘、卡盘、横担、拉线、瓷瓶、线路金具及导线等组成。

一、电杆

1. 杆型

电杆按所用材料不同分为木杆、水泥杆和金属杆。木杆现已很少使用。水泥杆为钢筋混凝土电杆，分为环形混凝土电杆和环形预应力钢筋混凝土电杆，都是空心的环形杆。杆段外形有等径杆段和锥形杆段两种。金属杆是用钢材料做成的电杆。低压一般采用水泥杆。

按照电杆在线路中的作用，可分为直线杆、耐张杆、转角杆、终端杆及分支杆。

（1）直线杆。直线杆位于线路的直线段上，是线路直线的支撑点。它承受导线、绝缘子、金具以及覆冰的质量。同时还要承受线路的侧面风力，直线杆占线路全部电杆数量的 70% ~ 80%。导线固定采用针式绝缘子。

（2）耐张杆。耐张杆又称"张力杆"，位于直线段之间承受两侧导线的拉力，避免由于直线段线路过长造成导线的拉力过大或弧垂过大，便于施工时紧线，而且还能控制断线倒杆的范围，可以避免倒杆事故的扩大。耐张杆也用于重要的交叉跨越处，它是线路的重要杆型，因此必须加装完整的拉线装置。10 kV 及以下城区线路耐张段一般不宜大于 2 km。

（3）分支杆。分支杆是用在架空线路分支处的电杆。它有双重作用，既是主干线的电杆，又是分支线的终端杆，除承受直线段导线的重力外，还承受分支方向导线的拉力。

（4）转角杆。转角杆是线路在转角处使用的电杆。有轻型转角杆（转角 30° 左右）和重型转角杆（转角 ≥ 45°）两种。转角杆除承受导线重力、侧向风压外，还承受前后两侧导线拉力的合力，也叫角度力，它可能相当大，为了平衡这个力需要加装一根或两根拉线，以加强电杆的稳定度。

（5）终端杆。终端杆处在线路的两端，始端和终端都称作终端杆。终端杆除承受导线的垂直荷重和水平风压外，还承受线路方向全部导线的拉力，由于终端杆上只有一侧有导线，承受导线全部拉力，因此终端杆的另一侧必须安装拉线。

（6）跨越杆（轻承力杆）。这种杆型用在通过河道、公路（铁路）、通讯线及其他设施的地方。跨越杆通常都需要加高，要求有较高的强度和稳定性。当采用轻承力杆跨越各种设施时，必须增加人字拉线。低压架空线路的组成如图15-1所示。

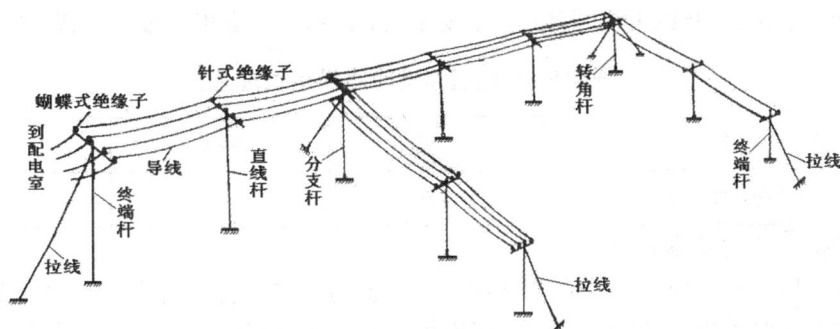

图 15-1 低压架空线路示意图

2.电杆安装的基本要求

（1）钢筋混凝土电杆的上端应封堵，无特殊要求时，下端可不封堵。单电杆立好后应正直，直线杆横向位移不应大于 50 mm，10 kV 及以下架空电力线路杆梢的位移不应大于杆梢直径的 1/2。

（2）转角杆的横向位移不应大于 50 mm，转角杆应向外角预偏。紧线后不应向内角倾斜，向外角倾斜其杆梢位移不应大于杆梢直径。

（3）终端杆应向拉线侧预偏，其预偏值不应大于杆梢直径。紧线后不应向受力侧倾斜。

（4）电杆的埋深。应根据杆长、电杆受力情况和土质情况来决定。10 kV 及以下电力线路一般采用 15 m 以下电杆，埋设深度应符合设计要求，一般情况可取杆长的 1/10+0.7 m，但最浅不少于 1.5 m。变台电杆不应少于 2 m。土质松软、流沙、地下水位较高地带，电杆基础还应做加固处理。一般电杆埋设深度参见表 15-1。

表 15-1 电杆埋设深度 （单位：mm）

杆长	8.0	9.0	10.0	11.0	12.0	13.0	15.0
埋设深度	1.5	1.6	1.7	1.8	1.9	2.0	2.3

二、横担安装与导线的排列

1. 横担安装

横担用以支持绝缘子、导线，并维持导线间的一定距离。导线间最小距离按档距大小确定，参见表15-2。

表 15-2 低压架空线路导线间最小水平距离

档距 /m	40	50	60	70	80
导线间距 /mm	300	400	450	500	500

横担材料多为角钢，低压 1kV 以下配电线路多采用 50mm×50mm×5mm；当导线截面为 50mm² 及以上亦采用 65mm×65mm×6mm。横担长度参见表15-3。

表 15-3 低压架空线路横担长度选择

3	二线	四线	六线
横担长度 /mm	700	1500	2300

横担安装的基本要求：

（1）横担安装应平正，横担端部上、下歪斜和左、右扭斜均不应大于 20 mm。

（2）线路单横担的安装，直线杆横担应安装在负荷侧，终端杆、转角杆及分支杆横担应安装在拉线侧。横担安装方向示意如图15-2所示。

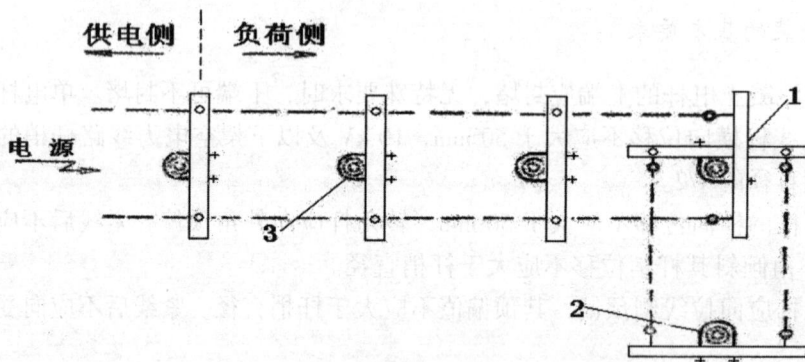

图 15-2 横担安装方向示意图

1—转角杆　2—终端杆　3—直线杆

（3）多层横担应安装在同一侧。

（4）瓷横担安装时，要垫两层油毡垫。

（5）紧固横担和绝缘子等各部位所用螺栓，应采用标准热镀锌件。螺栓垂直安装时，应从下往上穿；水平安装时，应由里向外穿。顺线路方向者，由送电侧穿入。垂直线路方向者，由内向外穿入。中间由左向右（面向受电侧）穿入。螺栓紧好后，单螺母螺杆丝扣露出不小于 2 个螺距(2 扣)，双螺母可与螺母相平。

（6）上层横担至杆顶距离，直线杆一般不小于 300 mm；转角杆一般不小于 200 mm。

（7）同杆架设的回路数。380/220 V 线路时，不应超过 4 回路。高、低压共杆时，不应超过 4 回路，其中高压不超过 2 回路。

（8）高、低压同杆架设，高压线路在上，低压线路在下。架设同一电压等级，不同回路导线时，应把有较大弧垂导线置于下层，路灯线路应架设在最下层。

（9）高、低压线路同杆或仅有高压线路时，可在最下边再架设通信电缆，仅有低压线路时，可在最下边再架设广播明线和通信电缆。

（10）同杆架设线路横担之间最小垂直距离见表 15-4。

表 15-4 同杆架设线路横担之间最小垂直距离　（单位：mm）

上、下横担电压等级 /kV	直线杆	分支杆、转角杆
10/10	800	450/600
10/0.4	1200	1000
0.4/0.4	600	300
10/ 通信线路	2000	2000
0.4/ 通信线路	600	600

2. 架空线路相序排列

（1）三相电力线路，面向负荷从左至右为：L1、L2、L3（A、B、C）。

（2）低压线路在同一横担架设时，面向负荷从左至右为：L1、N、L2、L3。

（3）有保护线在同一横担架设时，面向负荷从左至右为：L1、N、L2、L3、PE。

（4）动力、照明线路，在两个横担架设时，动力线路在上，照明线路在下。上层横担：面向负荷，从左至右：L1、L2、L3。下层横担：面向负荷，从左至右：L1（或 L2、L3）N、PE。

（5）低压线路导线一般采用水平排列。中性线应靠近电杆。如果线路附近有建筑物，中性线应尽量靠近建筑物侧。同一地区中性线位置应统一。

三、架空线路安装距离

1. 档距

两根电杆之间的水平直线距离称为档距。档距应根据导线的对地距离、电杆的高度和地形特点确定。低压配电线路：城市市区 40 ~ 50m，城郊及农村 40 ~ 60m。高、低压同杆架设的线路，档距应满足低压线路的要求。

2. 弧垂

线路档距内导线悬挂点与线路导线最低点的垂直距离。导线应力小弧垂大，导线应力大弧垂小。弧垂一般由设计给定，而且施工时，按现场实际环境温度进行调整，作为线路施工时紧线的依据。各相导线的弧垂应一致。同一层导线截面不同时，导线的弧垂应以其中最小截面的弧垂确定。档距与弧垂如图 15-3 所示。

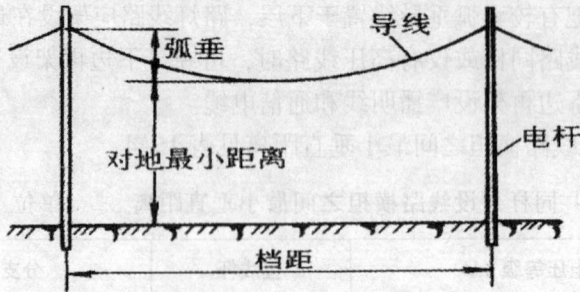

图 15-3 架空线路的档距和弧垂

3. 低压架空线路与地面、建筑物等最小距离见表（15-5）

表 15-5 低压架空线路与地面、建筑物等最小距离

架空线路的场所		最小距离 / m
距地面	人口稠密地区	6.0
	人口稀少地区	5.0
	交通困难地区	4.0
	步行可达到山坡	3.0
距建筑物	最大弧垂时，最小垂直距离	2.5
	最大偏移时，最小水平距离	1.0
距树木	最大弧垂时，最小垂直距离	1.0
	最大偏移时，最小水平距离	1.0
距管道	最大弧垂时，最小垂直距离	3.0
	最大偏移时，最小水平距离	1.5

四、导线

1. 导线的材料

架空导线材料有铜、铝。其中，铜导线导电性能最好，电阻小，机械强度高，抗氧化能力强，但价格高。铝的导电率次于铜，为铜的70%，且比重较小，不到铜的1/3，也具有一定的抗氧化、耐腐蚀能力，价格低，广泛应用在架空线路上。但铝导线抗拉强度低，为提高其机械强度，常采用钢芯铝绞线，既有足够的机械强度，又有一定的导电能力。铝合金线，是在铝中加入少量镁、硅、铁等元素，具有足够的机械强度和导电能力，但价格高，不能广泛应用。架空线路采用裸导线，散热好，可增加载流量。目前，北京城区10 kV配电架空馈线及低压架空线路中均采用绝缘导线，提高了供电可靠性，解决了城市绿化与供电安全可靠性的矛盾。

2. 导线截面的选择

合理选择导线截面，不但可以节省有色金属，而且还能保证供电质量、供电安全，导线截面选择要满足以下基本要求。

（1）按导线通入电流发热条件选择导线。电流通过导线后，在导线上产生热量，导线温度升高，使导线绝缘损坏发生故障，所以要根据导线的允许载流量来选择导线。

（2）按电压损失进行核算导线截面。用电设备对电压变化的影响非常敏感，照明电路中规定，电压偏差的允许值为$-10\% \sim +5\%$的额定电压。对电动机而言，转矩与电压的平方成正比，当电压过低时，电动机将出现过载。电压越低，负载不变时，电流越大，使绕组温度升高，加速绝缘老化。因此，对电动机而言，电压偏差的允许值为$-5\% \sim +10\%$的额定电压。

（3）按机械强度确定导线允许最小截面。架空线路不允许采用单股铝线及铝合金线，最小截面应符合北京地区电气规程规定。铝绞线、钢心铝绞线最小截面为25mm²。

五、低压接户线

380 V/220 V配电线路电杆引至用电单位第一支持物的一段线路，称为低压接户线。自第一支持物至计量电能表的一段线路，称为表外线。自第一支持物沿建筑物辐射至另一建筑物的线路，称为套接线。

接户线的安装要求如下：

（1）1 kV及以下的接户线，不应从高压引线间穿过，也不应跨越铁路。

（2）接户线档距不宜超过25m，否则应加装接户杆。第一支持物固定点距地面不小于2.7 m。

（3）接户线最大弧垂时，导线对地面的最小垂直距离，交通要道不小于6 m；通车困难的街道、胡同不小于3.5 m。

（4）接户线应使用绝缘导线，并且导线不许有接头。

（5）接户线不宜跨越建筑物，如需跨越时，与建筑物的最小垂直距离不应小于

2.5m。

（6）接户线与配电线路夹角在45°及以上时，配电线路上应装横担，作分支杆进行导线连接。相应的第一支持物亦应装设横担。

（7）用户装表容量在30 A以上时，一般采用三相四线进户；同一单位、同一地点动力与照明用户，一般可采用一个进线位置；商业与民用必须分开进户，分别装表计费。

（8）接户线不宜从变台杆引出。设专用变压器用户可由附杆引出，但应采用不小于10 mm²多股导线。导线在10 mm²及以上时，应采用蝶式绝缘子，导线在6 mm²下，且线路长不大于25 m时，可用针式绝缘子固定。

（9）接户线与配电线路分支，一般采用线夹连接。铜、铝线连接时，应采用铜铝过渡线夹。

六、低压架空线路金具

用于架空线路上导线、绝缘子、横担、电杆、拉线等的安装、连接、保护的金属制件称为线路金具。

1. 横担

低压横担用65 mm×65 mm×6 mm的角钢制作。二线、四线和五线横担的长度分别为850 mm、1400 mm和1800 mm。

2. 固定金具

固定金具主要指用于固定横定横担、绝缘子的金属件，如横担支撑、抱箍、垫铁、拉板等。部分固定金具如图15-4所示。

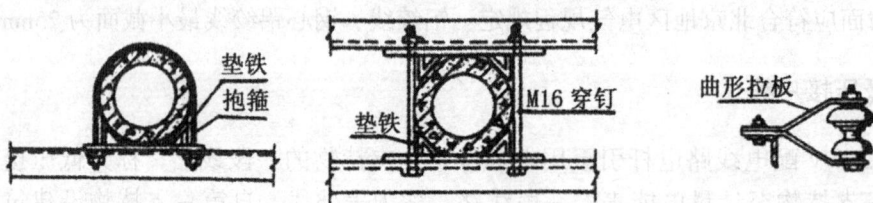

（a）用于固定横担的金具　　　（b）固定绝缘子的金具

图15-4　固定金具

3. 拉线金具

拉线金具是用于拉线的连接和安装的金属制件，包括镀锌钢绞线、拉线棒、楔型线夹、UT型线夹、钢线卡子、拉线环等。拉线金具如图15-5所示，拉线连接金具如图15-6所示。

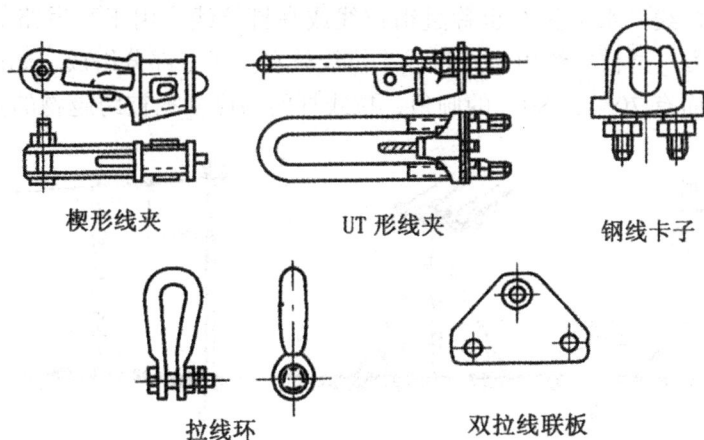

楔形线夹　　　　UT形线夹　　　　钢线卡子

拉线环　　　　双拉线联板

图 15-5　拉线金具

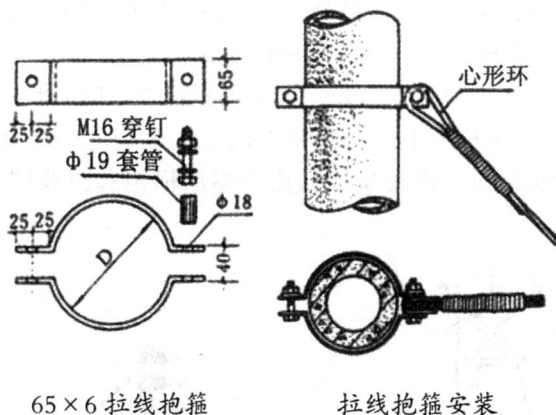

心形环

65×6 拉线抱箍　　　　拉线抱箍安装

图 15-6　连接金具

七、低压架空线路的拉线

1.拉线的种类、用途和结构

拉线可抵抗风力和导线对电杆的拉力，减少电杆的受力，增加电杆的机械强度和稳定性。通常低压架空线路的耐张杆、转角杆、终端杆、分支杆都应加拉线。

根据拉线的结构和用途不同，大致可以分为：

（1）普通拉线。这是常见的拉线，一般与地面成45°角，受地形地物限制时，角度可在30°～60°范围内变化。它可用在地形较开阔的终端杆、转角杆和分枝杆，装在电杆受力的反方向，以平衡电杆所受力的拉力，对于耐张杆可在顺线路方向加拉线以承受导线拉力，如图15-7所示。

（2）人字拉线。在线路两侧设置的拉线，由两条普通拉线构成，也叫防风拉线，主要用于耐张段较长的直线杆上，以增加整个线路的抗风能力如图15-8所示。

157

（3）水平拉线。水平拉线也称过街拉线或高桩拉线，用于受道路等限制无法做普通拉线的地方。这种拉线由水平拉线、拉线杆和拉线三部分组成，如图15-9所示。拉线杆应与地面有70°～80°的倾角，拉线杆的高度根据被跨越物的要求而定。

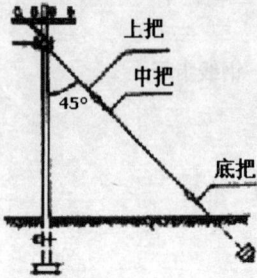

图15-7 普通拉线图　　图15-8 人字拉线　　图15-9 水平拉线

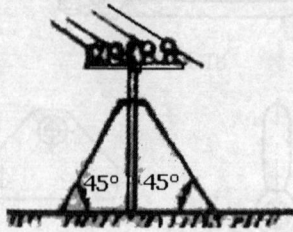

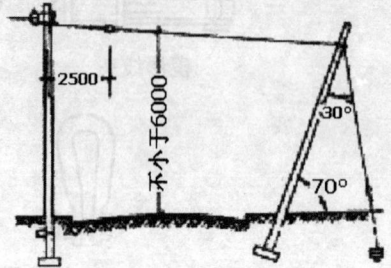

（4）弓形拉线。弓形拉线也称自身拉线，由支撑担和拉线构成，用在地形或建筑物等限制能做普通拉线的地方，如图15-10所示。

（5）V形拉线。V形拉线由电杆同一侧的两根拉线组成，形状像字母"V"而得名，如图15-11所示。拉线又称上下V形拉线，它是在电杆所受各力的合力作用点的上部、下部各设一根拉线而组成。这种拉线适用于多层横担和拉线层数、条数较多的高电杆上。

图15-10 弓形拉线　　　　图15-11 V形拉线

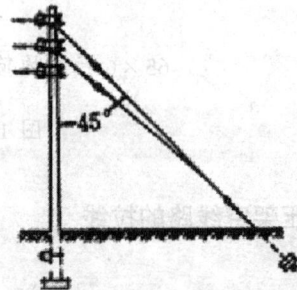

（6）十字拉线。十字拉线也称四方拉线，由两个位置相垂直的人字拉线组成，一般用于直线耐张杆。

（7）拉线结构。普通拉线由上把、中把、底把、拉线盘和他们的连接件所构成。

拉线上把、中把多用镀锌钢线绞线。底把用镀锌铁线绞成或用拉线棒。上把和中把之间有拉紧绝缘子防止拉线带电。当拉线下部发生断线时，拉紧绝缘子距地面的距离不小于2.5 m，拉线上把长度不宜小于3 m。

当可不用拉紧绝缘子时，拉线上把和中把合二为一，称上把，省去了中把。

普通拉线结构如图15-12所示。

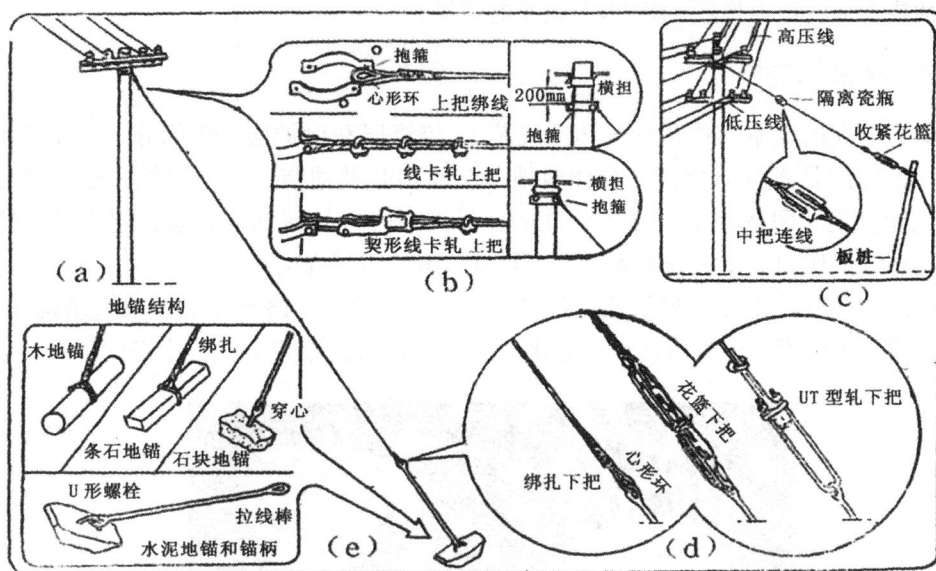

图 15-12 普通拉线结构

（a）普通拉线　（b）上把的连接　（c）上把、中把连接　（d）下把、中把连接　（e）下把与底盘连接

2. 拉线最小截面

为防止拉线遭受破坏，对拉线截面进行最低限制，钢绞线不应小于 25 mm²。

底把一般采用直径不小于 16 mm 的拉线棒，如采用镀锌铁线，应较地上拉线股数再增加 2 股作为腐蚀的补偿。底把与地上拉线的承力能力应匹配，底把露出地面 0.5 m 部分与入土部分应进行防腐处理。

第二节　电缆线路

电缆线路同架空线路一样作为电力传输作用。对于城市建设方面，电缆不占地上空间，特别在现代国际化大都市的建设中，将逐步代替架空线路。

一、电缆的分类和结构

1. 电缆的分类

按绝缘材料，电力电缆分为：

（1）塑料绝缘电缆：聚氯乙烯（PVC）绝缘电缆、聚乙烯（PE）绝缘电缆、交联聚乙烯（XLPE）绝缘电缆。

（2）橡胶绝缘电缆：天然橡胶绝缘电缆、乙丙橡胶（EPR 或 EPDE）绝缘电缆、高弹性或高强度乙丙橡胶（HEPR）绝缘电缆等。

2. 电力电缆结构

电力电缆的基本结构包括导体（线芯）、绝缘层和保护层三个部分。导体多用铜或铝；绝缘层是各导体之间、导体对地（金属护套及铠装层）的绝缘，必须具有良好的绝缘性能、耐热性能、耐机械性能。保护层分内护层和外护层，用来保护绝缘层不受外力损伤和防止水分进入，并应具有一定的机械强度。

聚氯乙烯绝缘电缆：聚氯乙烯绝缘电缆结构如图 15-13 所示。该电缆结构简单、安装方便、不延燃，但不耐寒，易老化，性能不如聚乙烯(PE)，但价格便宜。

图 15-13 聚氯乙烯绝缘电缆

二、电缆的型号

电缆的型号用汉语拼音文字和数字表示，见表 15-6。

表 15-6 电缆型号

用途代号	绝缘类别代号	线芯材料	内护层材料代号	结构代号	外护层代号	
					铠装层	防腐层
无–电力电缆 K–控制电缆 P–信号电缆 Y–移动电缆	Z——纸 V——聚氯乙烯 Y——聚乙烯 YJ——交联聚乙烯 X–橡胶	无——铜 L——铝	Q——铝包 L——铝包 V——聚氯乙烯护套 Y–聚乙烯护套 F–氯丁橡胶	D——不滴流 P——屏蔽 F——分相 CY–充油 C–滤尘	0——无铠装 2——双钢带 3——细钢丝 4——粗钢丝	无——无铠装 1——纤维质 2——聚氯乙烯 3——聚乙烯

三、电缆安装

电缆安装应按已批准的设计进行施工，施工前检查电压等级、型号、规格、各项实验记录、合格证明。

1. 电缆敷设前的检查和试验

（1）核对电缆的型号、规格和长度。

（2）检查电缆的外观，看有无破损、变形和受潮等。

（3）对电缆进行绝缘电阻测试，用 1000 V 兆欧表摇测电缆线芯之间和铠装的绝缘，绝缘电阻不得低于 10 MΩ（20℃）。

（4）检查电缆敷设路径是否符合敷设要求。

2. 弯曲半径

为了防止电缆过度弯曲损伤电缆，应使电缆保持一定弯曲半径，最小半径见表15-7。

表 15-7 电缆最小弯曲半径

电缆类型			多芯	单芯
油浸纸绝缘电力电缆	铅包	有铠装	15D	20D
		无铠装	30D	–
	铝包		30D	
交联聚乙烯电力电缆			15D	20D
聚氯乙烯电力电缆			10D	
橡皮绝缘电力电缆		无铅包	10D	
		裸铅包护套	15D	
		钢铠护套	20D	

注：D 为电缆外径

3. 允许温度

电缆敷设时，温度过低将损坏电缆，电缆敷设允许最低温度为：

（1）橡皮绝缘电缆，橡皮或聚氯乙烯护套 –15℃。

（2）塑料绝缘电缆 0℃。

（3）控制电缆，橡皮绝缘聚氯乙烯护套 –15℃；聚氯乙烯绝缘及护套 –10℃。

4. 间距

电缆在敷设时，应与其他管线保持一定距离，电缆不应该敷设在其他管线上或下方，其平行、交叉最小距离见表15-8的规定。

表15-8 电缆与其他管线平行、交叉最小距离　　　单位：（mm）

项目	平行	交叉	项目		平行	交叉
电力电缆间与控制电缆间	100	500	铁路路轨		3000	1000
不同部门的电缆间	500	500	电气化铁路、路轨	交流	3000	1000
与热力管道（管沟）	2000	500		直流	10 000	1000
与其他管道（管沟）	500	500	城市街道、路面		1000	700

电缆支架敷设时，电缆各支持点最大允许间距不应大于表15-9的数据。

表15-9 各支持点最大允许间距　　　单位：（mm）

电缆种类		敷设方式	
		水平	垂直
电力电缆	全塑电缆	400	1000
	全塑电缆以外电缆（低压）	800	1500
控制电缆		800	1000

全塑电缆沿支架水平敷设时，当支架能将电缆固定时，其支持点允许间距800 mm

四、电缆敷设

1. 直接埋地敷设

（1）直埋电缆（见图15-14）应采用有铠装和防腐保护层的电缆。

（2）直埋深度：一般不小于0.7 m，沟底深应为0.8 m。农田应不小于1.0 m。

（3）在电缆上、下应铺设不少于100 mm细砂或软土，垫层上应用专用电缆盖板或砖衔接覆盖，覆盖宽度应大于两侧电缆各50 mm。回填土应去掉块石、砖头，并应分层进行夯实。

（4）直埋电缆应在拐弯、接头、交叉、进入建筑物等地段埋设标桩，标桩应露出地面150~200 mm，埋入地下400~450mm，用150# 钢筋混凝预制。标桩和标装安装如图15-15所示。

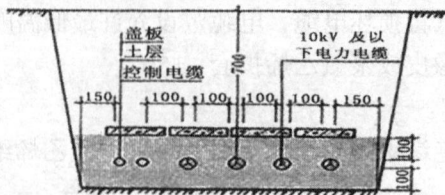

图15-14 电缆直接埋地敷设

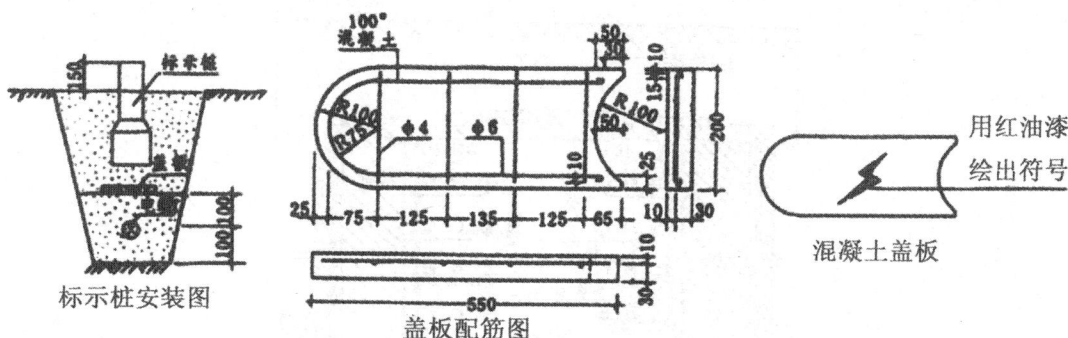

图 15-15 标桩和标装安装

（5）电缆沿斜坡敷设时，中间接头应保持水平，多条电缆同沟敷设时，中间接头的位置应前后错开。

（6）电缆之间交叉时，低压电缆应在上面，并符合平行交叉最小距离。

（7）引入、引出建筑物，引上电杆或易受机械损伤处应穿保护管。保护管长不大于 30 m，管内径不小于 1.5 倍电缆外径；保护管长超过 30 m 时，管内径应不小于 2.5 倍电缆外径。

2. 隧道、电缆沟及夹层内电缆敷设

（1）电缆隧道、沟道应平整光洁，且应设置积水井，自然坡度应不小于 0.1%，墙壁应有防水措施。根据需要设置低压检修照明。

（2）对于积水井相应的地面，应设置人孔或井盖，便于紧急情况进行抽水。

（3）电缆支架长度按敷设电缆的根数设定。电缆在隧道内敷设时支架的长度不应大于 500 mm。支架间水平距离或距墙间距离，应便于施放电缆、维护检修，一般为：单边设支架不小于 400 mm；双边设支架不小于 450 mm。支架要进行防腐处理，并进行逐个接地。

（4）电缆在支架上排列时，高压电缆应在上边，低压电缆应在下边，或按系统由上至下进行排列。

按电压由上而下排列：10 kV 电力电缆；1 kV 及以下电力电缆；直流及控制电缆。

按用途排列：电动机电力电缆；主变压器电力电缆；馈线电力电缆；直流及控制电缆。

电缆在安装前应预先设计排列图，按图进行排列。有时分阶段施工，或在进行技术改造中逐步增加电缆，很难做好上述两种排列。通常做法是，在沟道内不准交叉，引入、引出理顺即可。有些电缆间距离在 5~100 mm，且沟道较长时，还应分段设置防火墙，并与防火门相通。电缆若有中间接头，应用托架固定。

电缆沟、电缆隧道及电缆支架，如图 15-16 所示。

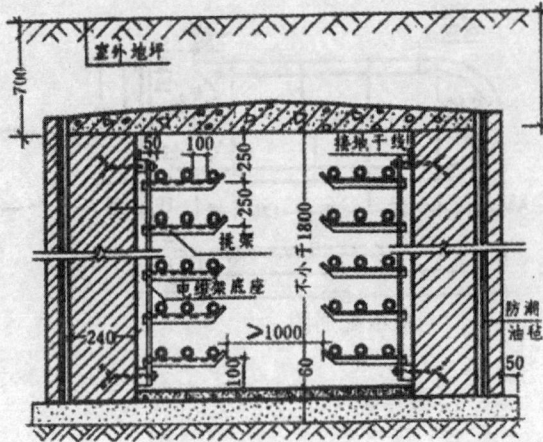

图 15-16　电缆沟、电缆隧道及电缆支架

3. 电缆在混凝土管块中敷设

（1）电缆管块要选用定型产品。电力电缆要选用孔径不小于 90 mm 的管块，底部应垫平、夯实，并有不小于 80 mm 厚的混凝土垫层。

（2）管块顶部距地应不小于 0.7 m。

（3）管块砌筑前要清除孔内积灰、孔边毛刺，砌筑时，要有保证管孔中心对正的专用工具。经专业培训的人员进行施工。

（4）管块连接处管孔应对正，接口封实，承重地段应加强。

（5）管块排列应向电缆井方向有 1% 的坡度。

（6）人孔井的设置位置间隔不应大于 50 m，人孔井内应有积水坑，顶部宜用预制盖板。井盖应采用定型产品，标明"电力"字样标记，且防水、防盗。

4. 电缆在桥架上敷设

（1）金属电缆桥架及其支架、引入或引出的金属电缆导管必须可靠连接 PE 线或 PEN 线；金属电缆桥架间及其支架全长应不小于 2 处与 PE 或 PEN 干线连接；非镀锌电缆桥架间连接板的两端跨接铜芯线接地，接地线最小允许截面积不小于 4 mm² ；镀锌电缆桥架间连接板的两端不跨接接地线，但连接板两端不少于 2 个有放松螺帽或防松垫圈的连接固定螺栓。

（2）电缆桥架转弯处应确保桥架内电缆弯曲半径不小于电缆最小弯曲半径。

（3）当设计无要求时，电缆桥架水平安装的支架间距为 1.5~3m ；垂直安装的支架间距不大于 2m。

（4）当铝合金桥架与钢支架固定时，有相互间绝缘的防电化腐蚀措施。螺帽位于桥架外侧。

（5）电缆桥架敷设在易燃易爆气体管道和热力管道的下方，当无设计要求时，与管道的最小净距应符合表 15-10 规定。

表 15-10 与管道的最小净距　　　　　　　　　　　　　单位：(mm)

管道类别		平行净距	交叉净距
一般工艺管道		0.4	0.3
易燃易爆气体管道		0.5	0.5
热力管道	有保温层	0.5	0.3
	无保温层	1.0	0.5

（6）桥架内电缆敷设时，应排列整齐；水平敷设的电缆，首尾两端、转角两侧及每隔 5 ~ 10m 处固定点；对于大于 45°倾斜敷设的电缆每隔 2m 处设固定点；在电缆出入电缆沟、竖井、建筑物、柜（盘）、台处以及管子管口处等需做密封处理；电缆的首尾、末端和分支处应设标志牌。敷设于垂直桥架内的电缆固定点间距应符合表 15-11 规定。

表 15-11 电缆固定点的间距　　　　　　　　　　　　　单位：(mm)

电缆种类		固定点的间距
电力电缆	全塑型	1000
	除全塑型外的电缆	1500
控制电缆		1000

五、电力电缆运行与维护

1. 电力电缆的投入运行

（1）新安装的电缆线路，必须经验收检查合格，并办理验收手续，方可投入运行。

（2）停电超过一个星期但不满一个月的电缆，重新投入运行前，应摇测绝缘电阻值并与上次试验记录作比较（换算到同一温度下），不得降低 30%，否则需作耐压试验。对额定电压为 0.6/1kV 的低压电缆线路可用 2500 V 兆欧表测量导体对地绝缘电阻代替耐压试验。

（3）重做终端头、中间接头必须核对相位、摇测绝缘电阻，合格后允许恢复运行。

2. 电力电缆日常巡视检查

（1）巡视检查周期：有人值班的变（配）电所，每班应检查一次；无人值班的，每周应至少检查一次。

（2）电力电缆日常巡视检查的主要内容：线路电流不超过电缆允许电流，终端头连接点无过热、变色；并列使用的电缆，无因负荷分配不均而导致的某根电缆过热；

无火花、放电声及异常气味，终端接头接地线无松动或脱落，铅封无开焊单位：（m）

（3）电缆线路允许工作温度的监视：电缆运行中的温度监视，可分析有无过热、过载运行，电缆表面温度应选择在负荷高峰时测试（采用红外测试仪）。

低压电缆的最高允许温度如下：

（1）低压直埋电缆的表面温度不大于60℃。

（2）交联聚乙烯绝缘电缆工作温度不大于90℃。

（3）聚氯乙烯绝缘电缆工作温度不大于65℃。

（4）橡胶绝缘电缆工作温度不大于65℃。

（5）油浸纸绝缘电缆工作温度不大于80℃。

（6）电缆线路中连接头处的温度同样不准超过上述规定。

3. 电缆定期检查

（1）定期检查周期。敷设在地下、隧道以及沿桥梁架设的电缆，发电厂、变电所的电缆沟、电缆井、电缆支架等地段每3个月至少检查一次。敷设在竖井内的电缆，每年至少检查一次。室内电缆终端头，每1～3年停电检修一次。室外终端头每月检查一次，每年2月及11月进行停电清扫检查。对有动土工程挖掘暴露的电缆，应随时检查、跟踪检查。

（2）电缆定期检查主要内容：

①直埋电缆线路标桩齐全。沿电缆挖掘要办理动土证，并跟踪检查监视；临时建设工程不得在电缆路径上堆放重物；无化学性腐蚀；电缆保护管牢固；引入引出建筑物应无渗水。

②敷设在沟道、隧道、混凝土块电缆线路。沟盖板齐全；无渗水，一旦渗水要及时排放；电缆入孔、沟盖无断裂、墙壁无渗水、井盖齐全严密；支架牢固，无锈蚀；沟道、隧道中不许有杂物；电缆外护层钢甲无腐蚀、鼠咬。

③室外电缆头。绝缘套管完整、清洁、无闪络放电痕迹；无鼠窝、鸟巢；电缆出线连接点无发热变色痕迹；绝缘胶无塌陷；防雨裙无损坏；接地线牢固，接地点与电缆头位置合适；缆芯及引线的相间及对地距离符合规定；芯线相色标志清楚，并与系统相一致。

4. 电力电缆试验

（1）新安装电缆敷设前，每盘电缆均应做绝缘电阻试验。合格后才能进行敷设。

（2）安装竣工后，在投运前应按规程要求作交接试验。

（3）新敷设带有中间接头的电缆，投入运行3个月后，应进行一次预防性试验，以后再按试验周期进行。

第三节　室内配线

室内配线是指在建筑内安装低压动力线路和照明线路。敷设方法有明敷和暗敷，明敷是指将绝缘导线用塑料线夹安装于建筑墙体上等方法。暗敷是指将绝缘导线穿于埋设在建筑墙体内线管的暗管敷设方法和将绝缘导线穿于明装在建筑墙体上线管的明管敷设方法，以及用线槽布线的方法等。

一、室内配线的一般要求

（1）根据用电要求和配线环境以及导线截面来选择敷设方式和方法。

（2）室内配线应选择绝缘导线。另外，有阻燃要求的，应选择绝缘阻燃导线。

（3）导线穿越建筑物应加管保护。各种管配线通过沉降缝时应作伸缩装置。过墙管应从干燥或低潮湿室内向潮湿或湿度大的室内倾斜5°。

（4）各种明配线装置的水平高度距地面不应低于 2.5 m，垂直敷设不应低于 1.8 m，距离不够时应加管保护。

（5）金属管配线应用金属接线盒，塑料配线应用塑料接线盒，明管和暗管配线应选用相应的明暗配线材料。

（6）下列场所严禁使用铝线配线：重要的档案室、资料室、仓库和集会场所；易燃易爆场所；剧场舞台的照明；木槽板配线；剧烈振动的场所。

（7）固定和紧固导线的器件应与建筑物墙体、构件可靠牢固安装。

（8）配线中的各种外露可导电部分应接地(接保护线)保护。

二、常用配线方式

1. 护套线明敷配线

（1）此类配线应用带护套的绝缘导线，固定护套线用塑料线卡（2字线卡），安装如图 15-17 所示。

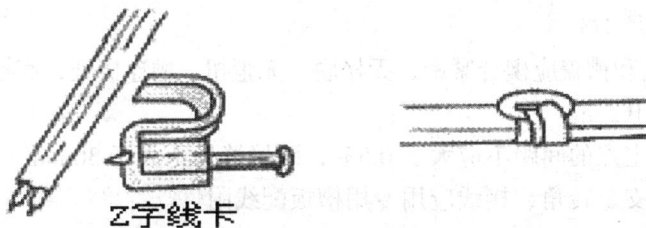

图 15-17　护套线配线

（2）用于环境温度 20～40℃之间，清洁、干燥、无腐蚀性气体、装饰要求不高的室内。

（3）线卡间距不大于 0.2 m，与电器连接应增设线卡，减小间距，间距不大于 50 mm。

（4）护套线弯曲，弯曲半径不小于护套线外径 4 倍。固定线卡的墙体应坚实，使固定线卡的钢钉能牢固，否则应采用加固的方式。

（5）护套线连接应采用接线盒或电器端子，穿越建筑物应加管保护。

（6）不适用易燃易爆场所。

2. 槽板配线

（1）目前，常用塑料槽板敷设导线，槽板用阻燃性硬塑料材料制成，如图 15-18 所示。施工时，先固定线槽底再放入导线，最后将线槽盖盖上。

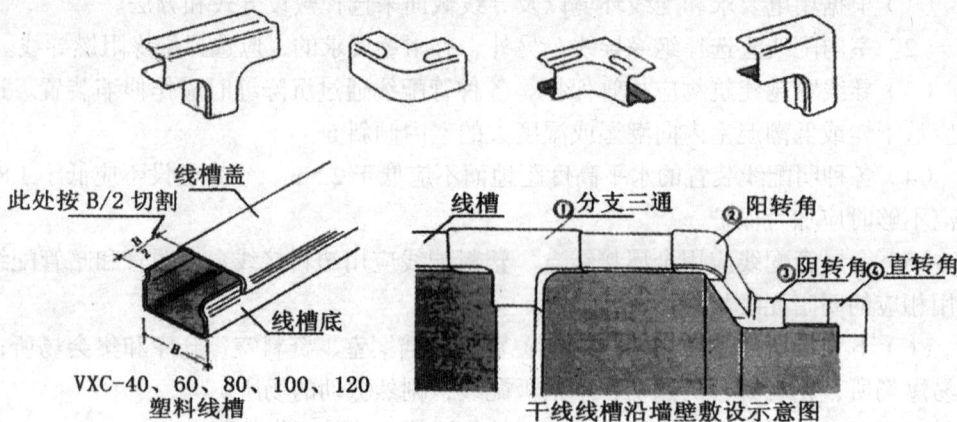

图 15-18 塑料槽板配线

（2）用于环境温度 -40℃ ~ +40℃，相对湿度不大于 85%，一般用电环境的室内。

（3）槽板施工对墙面要求较高，墙面应平坦坚实，能使槽板用螺钉或粘接时牢固、平直，不应凸凹。墙体使螺钉的紧固力应能承受 5 倍以上的两个紧固点间槽板和导线的重量。

（4）槽板规格应与导线规格和根数相适应，一般规定导线（含绝缘层）的总截面积不大于槽板内径 1/3。

（5）槽板底槽和槽盖应楔合紧密，无松脱、无歪扭。槽连接处，底槽和槽盖应错开，错开距离不小于 0.2 m。

（6）槽板固定点的间距不应大于 0.5 m，距接缝处不大于 30 mm。

（7）槽板分支、转角、接线应用专用槽板配线附件。

（8）槽板配线的导线截面积不超过 6 mm²，不同电压、不同回路的导线禁止敷设在同一槽板内。

（9）槽板内导线不得有接头，接头应采用接线盒。

（10）槽板底槽和槽盖应扣接，不得粘接。

3. 管配线

管配线是将导线穿入管材中的配线方式，有明管配线和暗敷配线两种，管材有钢管和阻燃性绝缘硬塑料管。

（1）明敷管内配线适用于单相或三相负荷，应用广泛。空气中灰尘多、无腐蚀性气体的车间可采用这种明敷管内配线。有腐蚀性气体，空气潮湿的场所、车间、作坊以及生活居室，为了美化环境，则应使用暗敷管内配线。钢管配线如图 15-19 所示。

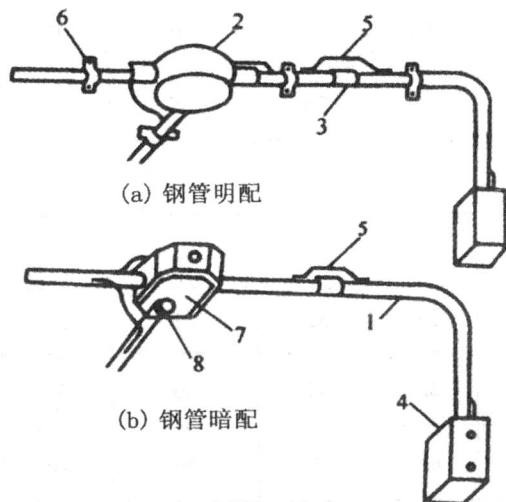

图 15-19 钢管配线

1—钢管　2—灯头盒　3—管箍　4—开关盒　5—跨接线　6—管卡子　7—导线接头　8—锁母

（2）采用钢管明管配线时，钢管壁厚不应小于 1.0 mm。采用塑料管明管配线时，应采用阻燃型硬塑料管，塑料管壁厚不应小于 2.0 mm；埋在混凝土内的暗管，采用普通钢管时管壁厚不应小于 2.5 mm，应做防腐处理；采用阻燃型硬塑料管时，暗管壁厚不应小于 3 mm，在易燃、易爆场所，明敷时禁止使用塑料管配线。钢管配线时，钢管和金属接线盒、分线盒、拉线盒应与保护线（PE 线）可靠连接。

（3）管配线的管径，按以下方法选择：①2 根导线穿管时，管内径为两根导线外径之和的 1.35 倍；多根导线穿管时，管内导线总截面（含绝缘层）不应超过导线管内净截面的 40%；②配线的管内径不得小于 15 mm。以下根据不同导线截面选用导线管内径的参考值列表 15-12。

表 15-12 管配线管导线截面积和根数选择管直径的参考表 （单位：mm）

电线截面积 /mm²	钢管穿线根数			塑料管穿线根数		
	2	3	4	2	3	4
1.0	15	16	16	15	15	15
1.5	15	16	20	15	15	15
2.5	15	20	20	15	15	0
4.0	15	20	25	15	20	25
6.0	20	20	25	20	20	25
10	25	25	32	25	25	32
16	25	32	32	25	32	32
25	32	40	40	32	40	0
35	40	40	50	40	40	50
50	40	50	50	40	50	50
70	40	50	50	40	50	50
95	50	70	70	50	70	70

4. 配线管弯曲半径

为了保证配线管的强度和施工方便，配线管弯曲半径应符合以下要求：

（1）管子的弯曲半径不小于管外径的 6 倍。

（2）埋设于地下或混凝土内时，其弯曲半径应不小于管外径的 10 倍。

（3）管子的弯曲度应不小于 90°。

5. 明管配线的工艺要求

（1）固定配线管的墙体和构架应牢固，应能承受管体和导线的重量。固定配线管的夹具、固定件应与配线管规格相适应。

（2）配线管固定点的间距应符合表 15-13 的规定要求。

表 15-13 管配线配线管固定点的最大间距参考表　　（单位：mm）

管子类别		管内径（mm）				
		15 ~ 20	25 ~ 32	40	50	63 ~ 100
钢管		1.5	2	2	2.5	3.5
电线管		1	1.5	2	2	-
硬塑料管	垂直	1	1.5	1.5	2	2
	水平	0.8	1.2	1.2	1.5	1.5

（3）钢管连接应采用管箍螺纹连接，同时缠麻涂漆进行防腐处理，管箍两侧应跨接地线，保证接地贯通良好。管端螺纹长度不应小于管箍长度1/2，连接后螺纹应露出2~3扣。钢管与开关连接时，应用明装金属开关盒；钢管分支应用明装金属分线盒，钢管与其连接也应采用螺纹连接。

（4）硬塑料管明管配线时，与开关连接时应采用塑料明装开关盒；与分线盒连接时，应采用塑料明装分线盒。硬塑料管连接，可采用套接，将同直径以3倍直径长度的硬塑料管管径扩径成套管。套接时，先将套管加热到130℃左右，1~2 min后使套管软化，然后将被接两管端部削角，并在接合部位涂上塑料粘合剂后，插入套管中对接并用湿布冷却；另一种连接方法是焊接，将管的一端温度加热到130℃，然后用直径略大于被接管径2.5%的模具管胀管，待冷却至50℃后脱管，将被接管插入，用塑料焊条在接缝处焊2~3圈。

（5）为了防止钢管涡流损耗，采用钢管配线时，在一根管内禁止只穿一相的导线（包含多根一相的导线），管内应将三相线和中性线全部穿入一根钢管内。

（6）为了便于穿线，应在以下位置设置接线盒或拉线盒：

①管长度每超过30 m无弯曲；

②管长度每超过20 m有一个弯曲；

③管长度每超过15 m有两个弯曲；

④管长度每超过8 m有三个弯曲。

（7）垂直敷设的电线保护管遇下列情况之一时，应增设固定导线用的拉线盒：

①管内导线截面为50 mm² 及以下，长度每超过30 m；

②管内导线截面为70~95 mm²，长度每超过20 m；

③管内导线截面为120~240 mm²，长度每超过18 m。

（8）配线管路与各种管道平行、交叉时，其最小间距：

①与热水管平行敷设，在上方为0.3 m、在下方为0.2 m；交叉时为0.1 m；

②与蒸气管平行敷设，在上方为1.0 m；在下方为0.5m；交叉为0.3 m；

③与其他管线平行为0.1 m，交叉为0.05 m；

④管路平行敷设时，尽量使电力管路敷设在下方。

（9）在 TN-S、TN-C-S 系统中，当金属电线保护管、金属盒（箱）、塑料电线保护管、塑料盒（箱）混合使用时，金属电线保护管和金属盒（箱）必须与保护地线（PE线）有可靠的电气连接。

6. 暗管配线的工艺要求

（1）混凝土埋入内的线管和接线盒、分线盒应于混凝土浇注前固定可靠，接线盒、分线盒应定位正确、平正。管口应用可取物密封防止混凝土浇注时进入异物。

（2）暗管配线接线盒、分线盒、拉线盒等应用暗装盒，并于管材相同。严禁钢管用塑料盒，塑料管用金属盒。

（3）钢管接线盒、分线盒、拉线盒应采用热镀锌钢材，否则应涂防锈防腐材料。

（4）埋入墙内的配线管距墙面不小于 15 mm，剔槽敷管应用不小于 100# 水泥沙浆抹面。

（5）接线盒、分线盒、拉线盒的设置同明管配线。

（6）钢管的连接应采用套管或套管焊接连接，套管长度为管外径 1.5 ~ 3 倍，严禁采用对焊。

7.KBG 管与 JDG 管

KBG 管与 JDG 管以其施工便捷、综合比价便宜、性能优越、规格齐全、产品配套等优点，在 1kV 及以下建筑电气工程中得以广泛应用。

KBG 管即套接扣压式薄壁钢导管，简称 KBG 管，是采用套接扣压式连接技术，取代传统的胶水连接或焊接施工，且无需再做跨接线的线管。

JDG 管即套接紧定式镀锌钢导管、电气安装用钢性金属平导管。是一种电气线路最新型保护用导管，连接套管及其金属附件采用螺钉紧定连接技术组成的电线管路，无需做跨接地，焊接和套丝。

KBG 管与 JDG 管尽管同属镀锌薄壁钢导管，但存在三个主要区别：

（1）在连接方式上，KBG 管为扣压式，JDG 管为紧定式。

（2）在管路转弯时的处理方法上，KBG 管是利用弯管接头，有的 JDG 管是使用弯管器煨弯。

（3）在管壁厚度上不完全一样，KBG 管的壁厚，$\Phi16$、$\Phi20$ mm 的为 1.0 mm，$\Phi25$、$\Phi32$ mm、$\Phi40$ mm 的为 1.2mm。而 JDG 管分为普通型和标准型两种型式，普通型 $\Phi16$ mm、$\Phi20$ mm、$\Phi25$ mm，壁厚为 1.2 mm，仅适用于吊顶内敷设。标准型 $\Phi20$ mm、$\Phi25$ mm、$\Phi32$ mm、$\Phi40$ mm 的均为 1.6 mm，适用于预埋敷设和吊顶内敷设。

JDG 导管属国家专利产品，其突出优点是：结构简单、施工便捷、综合比价便宜，目前在工程中得到广泛应用。管与管连接用紧定螺钉定紧，管与盒连接用爪形锁母紧锁，即可达到安装要求，方便快捷，大大提高了施工效率。

JDG 系列产品由电线导管、附件和专用工具三大系列组成。附件包括直管接头和螺纹管接头，专用工具包括紧定扳手和弯管器。JDG 电线导管连接示意如图 15-20 所示。

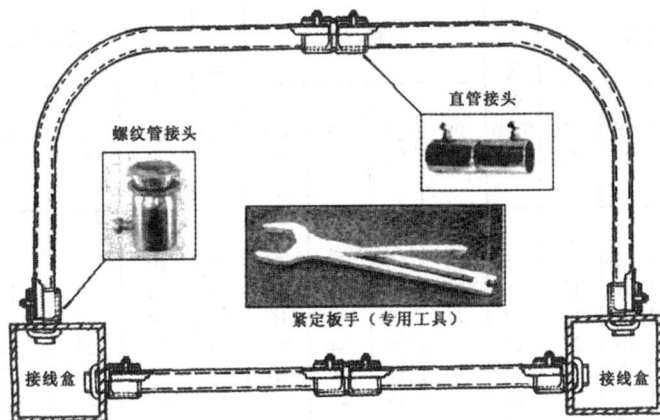

图 15-20 JDF 电线管路连接示意图

三、室内配线导线截面选择

导线截面积的选择要考虑：不同的敷设方式对导线机械强度的要求；不同线路长度及负荷情况对线路末端压降的要求；导线安全载流量的要求（即允许发热的要求）。

导线安全载流量可查有关手册和样本；如果要求不高，也可应用口诀估算。

1. 查表法

查表法即由制好的表格查取导线的安全载流量。穿硬塑料管敷设的聚氯乙烯绝缘电线的安全载流量见表 15-14。表中，硬塑料管规格根据 HG2—63—65 采用轻型管，管径指内径。

2. 选择导线截面的注意事项

（1）按允许发热条件选择的导线载面，不一定能满足电压损失和机械强度的要求。

（2）穿管的绝缘导线，铜线容许最小截面为 $1mm^2$、铝线容许最小截面为 $2.5mm^2$。

（3）电气设备二次回路的电流虽然很小，但为了保证机械强度，应采用截面不小于 $1.5mm^2$ 的绝缘铜线。

（4）电流互感器二次回路的导线应采用截面不小于 $2.5mm^2$ 的绝缘铜线。

表15-14 聚氯乙烯绝缘电线穿硬塑料管敷设的载流量（A）　$Q_2=65℃$

截面积/mm²	二根线芯				管径/mm	三根线芯				管径/mm	四根线芯				管径/mm
	25℃	30℃	35℃	40℃		25℃	30℃	35℃	40℃		25℃	30℃	35℃	40℃	
1.0	12	11	10	9	15	11	10	9	8	15	10	9	8	7	15
1.5	16	14	13	12	15	15	14	12	11	15	13	12	11	10	15
2.5	24	22	20	18	15	21	19	18	16	15	19	17	16	15	20
4	31	28	26	24	20	28	26	24	22	20	25	23	21	18	20
6	41	38	35	32	20	36	33	31	28	20	32	29	27	25	25
10	56	52	48	44	25	49	45	42	38	25	44	41	38	34	32
16	72	67	62	56	32	65	60	56	51	32	57	53	49	45	32
25	95	88	82	75	32	85	79	73	67	40	75	70	64	59	40
35	120	112	103	94	40	105	98	90	83	40	93	86	80	73	50
50	150	140	129	118	50	132	123	114	104	50	117	109	101	92	63
70	185	172	160	140	50	167	156	144	130	50	148	138	128	117	63
95	230	215	198	181	63	205	191	177	163	63	185	172	160	146	75
120	270	252	233	213	63	240	224	207	189	63	215	201	185	172	75
150	305	285	263	241	75	275	257	237	217	75	250	233	216	197	75
185	355	331	307	280	75	310	289	263	245	75	280	261	242	221	90

（BV铜芯）

第四节　电气线路常见故障及处理

一、架空线路的故障

1. 架空导线的故障及其防治措施

（1）在低压架空配电线路中，由于线路水平排列，而且线间距离较小，如果同一档距内的导线弛度不相同，刮大风时各个导线的摆动也不相同，这就可能引起相间导线相碰而短路，所以必须严格注意导线的张力。运行中的架空线路，如发现导线弛度不正常应及时安排停电检修调正弛度，使三相导线的弛度相等，并且在规定的标准范围内。

（2）大风刮断树枝掉落在线路上，或向导线上抛金属物体，也会引起导线相间短路，甚至发生导线断线或接地短路故障，以至发生人身触电等重大事故。在交叉、跨越的线路上应留有规定的间隔距离，特别是与弱电通讯线路的交叉段，一旦发生交叉短接事故，有可能发生重大的设备损坏或人身事故，其后果不可估量。因此运行中的架空线路，如发现导线上有跌落异物、交叉段间隔距离过近等，都必须及时进行处置。

（3）导线由于制造上的缺陷和架设中的损伤，造成导线断股，运行一段时间后，断股散开，散开处的线头碰到邻近导线引起短路，因此发现断股导线后，应及时用绑线将断股线头绑绕好。

（4）导线长期受水分、大气及有害气体的影响，氧化侵蚀而损坏（铝线锈蚀时表面有灰色、白色或黑色斑痕），巡视时发现导线严重腐蚀，应进行更换。

（5）导线、过引线（弓字线）、引下线接头制作工艺不规范（接头虚接），运行中出现过热变色现象，持续过热有可能引起带负荷断连而引起弧光短路事故，应加强巡视及时处理(重新压接或绑扎）。

2. 电杆及金具的故障原因及防治措施

（1）由于土质及水分影响，使木杆槽朽，往往造成倒杆事故，因此木杆杆根应有防腐措施，如涂沥青或加灰绑桩。

（2）水泥杆被外力碰撞水泥剥落，出现露筋、断筋、电杆弯折时，应根据严重程度采取修补加固或更换电杆。

（3）线路受力不匀使杆塔或横担倾斜，应针对原因加打拉线或调整线路。

（4）在导线振动的地方，金具螺丝易因振动而自行脱出发生事故，因此清扫时应仔细检查金具各部件的接触是否良好。

（5）拉线松弛，应针对原因紧固各部位的螺母或对地锚加重、培土、夯实。

3. 瓷绝缘的故障原因和防治措施

（1）线路上的瓷质绝缘子由于受到空气中所含酸、碱、盐类等有害成分的影响，使瓷质部分污秽，遇到潮湿天气，污秽层吸收水分，使导电性能加强，绝缘子表面放电闪络。在低压架空线路中会引起主漏电断路器频繁掉闸，这种故障主要发生在空气污秽严重地区（如化工厂）、盐碱地区，烟尘污秽地区。目前行之有效的技术措施是采用防污绝缘子或采用高一级电压等级的绝缘子。

（2）线路上误装不合格的绝缘子或因绝缘子老化，在线路电压作用下发生闪络击穿。巡线时发现有闪络痕迹的绝缘子应及时更换，而且新更换上的绝缘子必须经过电气试验合格。

（3）瓷绝缘部分受外力破坏，发生裂纹或破损，如果打掉了大块瓷或是从边缘到顶部有裂纹时应迅速更换，否则会引起绝缘降低而发生闪络。

二、电缆线路的故障

电缆线路的故障一般可分为运行中的故障和试验中的故障两大类，运行故障是指电缆在运行中因绝缘击穿或导线烧断而引起保护动作，断路器掉闸而停电。试验故障是指在预防性试验中绝缘击穿或绝缘不良而必须进行检修绝缘后才能恢复供电的故障。电缆线路故障按其故障部位来分，有电缆、电缆中间接头、电缆终端头、电缆尾线故障等。

常见的电缆故障如下：

1. 外力损伤

电缆在保管、运输、敷设和运行过程中，都有可能受到外力损伤，特别是已运行的直埋电缆，由于动土破坏地面，极易遭到损坏。该类事故约占电缆事故的50%左右。破坏的电缆只能截断，制作中间接头。

为避免此类事故的发生，需建立严格的动土审批制度；平时加强巡视，发现沿着线路动土时，应跟踪巡视，必要时设专人现场监护。

2. 电缆绝缘击穿故障

电缆绝缘击穿故障的原因是多方面的，可能是由于电缆本身质量不良，可在敷设前对电缆加强检查；可能是安装质量或运行环境所致，如安装时局部受到多次弯曲、打折，弯曲半径过小，制作电缆头工艺不标准，不严格，混入少量杂质潮气；运行条件不当，长期过负荷运行；雷雨季节遭到雷电波入侵，则需改善运行条件，完善防雷设施。

3. 电缆保护层被腐蚀

电缆保护层被腐蚀是由于腐蚀引起的电缆故障一般发展较慢，容易被忽视，运行中如不及时采取措施，很可能造成严重后果。引起电缆被腐蚀的原因，一是化学性腐蚀，可在发现有腐蚀的地区，掘土进行化学分析，确定损害程度。其防治方法是将电缆线改道、电缆加装保护管或涂刷防腐沥青、已敷设运行的电缆换土，上下辅以中性土。二是地下杂散电流引起的电化学腐蚀，其防治方法是将电缆外露的金属部分与附近金属物体相绝缘。

4. 终端头及中间头故障绝缘击穿爆炸

电缆终端头、中间头统称电缆头，电缆头发生故障的原因是制作工艺不符合要求或运行中缺乏检查维护。

终端头或中间头密封性能不好，进水爆炸、中间头连接管压接质量不良（虚接），运行中温度过高造成热烧坏击穿。其防治方法是制作过程中严格控制每道工序，所用材料绝缘强度符合标准，采用合格标准的电缆头附件，制作过程中严格防止水分、杂质进入。

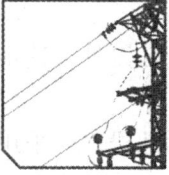

第十六章
临时用电

第一节 临时用电的安全要求

一、临时用电的一般要求

（1）本章所讨论的临时用电是指建筑施工现场和用电单位内部临时用电。特殊场所（如水下、井下等）的临时用电应按有关规定实施。

（2）临时用电工程、设施和设备应设立时间。超过半年以上应按正式工程和正式用电规定安装。

（3）临时用电应考虑用电负荷容量与供电电源容量是否相适应。临时用电区域内的电气设备外露可导电部分和装置外可导电部分的保护方式应与供电电源系统的方式相同。

（4）临时用电工程，设施和设备投入运行前，应建立相应安全运行、使用、操作和维护人员的组织和规章制度。

（5）用电单位内部临时用电，应事先提出申请，经有关部门批准方可施工用电，用电结束后应立即拆除，严禁乱拉乱接电源用电。临时用电的开关箱（柜）应加锁，并有明显警告标志。

（6）必须采用 TN–S 系统。

（7）用电设备必须采用一机一闸，一箱一漏。即每台用电设备应有各自专用的开关箱，必须实行"一机一闸"制，开关箱中必须装设剩余电流保护器，所有用电设备的电源一侧均需有剩余电流动作保护装置。

二、临时用电低压配电线路

（1）外线架设应按照北京地区《电气工程安装标准》施工。

（2）水泥电杆不应掉灰露筋、环裂或弯曲；木杆、木横担不应糟朽、劈裂；电杆不得有倾斜、下沉及杆基积水等现象。

（3）沟槽沿线的架空线路，其电杆根部与槽、坑边沿应保持安全距离，必要时应采取有效的加固措施。

（4）施工现场内不得架设裸导线；小区建设施工，如利用原有架空线路作为裸导线，应根据施工情况采取防护措施。

（5）架空线路与施工建筑物的水平距离一般不得小于 10 m；与地面的垂直距离不得小于 6 m；跨越建筑物时与其顶部的垂直距离不得小于 2.5 m。

（6）塔式起重机附近的架空线路，应在臂杆回转半径及被吊物 1.5 m 以外，达不到此要求时，应采取有效的防护措施。

（7）各种绝缘导线均不得成束架空敷设。无条件做架空线路的工程地段，应采用护套缆线，缆线易受伤的线段应采取保护措施。

（8）各种配电线路禁止敷设在树上、脚手架上，不得拖拉在地面上，各种绝缘导线的绑扎，不应使用裸导线。

（9）埋地敷设必须穿管（直埋电缆除外），管内不得有接头，管口应密封。

（10）配电线路每一支路的始端必须装设断路开关和有效的短路保护及过载保护。

（11）高层建筑施工用的动力及照明干线垂直敷设时，应采用护套缆线；当每层设有配电箱时，缆线的固定间距每层不应少于两处；直接引至高层时，每层不少于一处。

（12）遇大风、大雪及雷雨天气时，应立即进行配电线路的巡视检查工作，发现问题及时处理。

（13）暂时停用的线路应及时切断电源；工程竣工后，配电线路应随即拆除。

三、临时用电的接地保护及防雷保护

（1）所有电气设备的金属外壳以及和电气设备连接的金属构架，必须采取妥善的接地或接保护线保护。

（2）当外接电源时，应首先了解外借电力系统中电气设备采用何种保护，方可确定采用接地或接保护线保护，不可盲目行事；严禁在同一供电系统中采用两种保护。

（3）中性线兼做接保护线保护时，中性线截面应不小于规定；中性线上不得装设开关及熔断器。

（4）电气设备的接地线或接保护线应使用多股铜线，禁止使用铝线。

（5）接地线或接保护线中间不得有接头，与设备及端子连接必须牢固可靠，接触良好，压接点一般应在明显处，导线不应承受拉力。

（6）采用接保护线保护的单相 220 V 电气设备，不得利用设备自身的中性线兼做接保护线保护。

（7）接地装置及防雷保护装置的做法及要求，应符合北京地区《电气工程安装标准》的各项规定。

（8）施工现场及临时生活区高度在 20 m 及以上的井子架、高大架子、在施高大建筑工程，塔吊及高大机具，高烟囱、水塔等，以及大模板施工中模板就位后，应装设防雷保护装置，并及时用导线与建筑物接地线连接。

（9）塔式起重机的轨道，一般应设两组接地装置；对塔线较长的轨道，每隔 20 m 应补做一组接地装置。

第二节　临时用电的变配电设施安装和使用规定

（1）凡未经检查合格的电气设备，均不得安装和使用，使用中的电气设备应保持正常工作状态，绝对禁止带故障运行。

（2）凡露天使用的电气设备，应有良好的防雨性能或有妥善的防雨措施。凡被雨淋、水淹的电气设备应进行必要的干燥处理，经摇测绝缘电阻合格后，方可使用。

（3）配电箱应坚固、完整、严密，箱门上喷涂规定要求的安全警示标志，使用中的配电箱内禁止放置杂物。

（4）配电箱内必须装设中性线端子板和保护端子板。

（5）配电箱内所有配线要绝缘良好、排列整齐、绑扎成束并固定在盘面上。导线剥头不得过长并压接牢固，配电箱、盘的操作面上的操作部位不得有带电体明露。

（6）各种开关、熔断器、热继电器等的选择，其额定容量应与被控制的用电设备容量相匹配。

（7）各种开关、接触器等均应动作灵活，其触点应接触良好，不得存在严重烧蚀等现象。

（8）具有三个及以上回路的配电箱、盘应装设总开关，各分路开关均应标有回路名称。

（9）熔体的选择应符合规程要求。三相设备的熔体大小应一致。

（10）导线进入配电箱的线段应加强绝缘强度，并应采取固定措施，以防压接点受力。

（11）落地式配电箱的设置地点应平整，防止碰撞、物体打击、水淹及土埋，配电箱附近不得堆放杂物。

（12）在繁华地段施工时，不宜采用落地式配电箱。若采用落地式配电箱，应有防护措施(如增设围栏等)。

（13）杆上或杆旁架设的配电箱，安装要牢固，并应便于操作和维修。电源引下线采用一般绝缘导线时应穿管敷设，并应做防水弯头，增加固定点。

（14）光力合一的流动配电箱，一般应装设四极剩余电流动作保护开关或防中性线断线的安全保护装置。

（15）用电设备至配电箱之间的距离，一般不应大于 5 m；固定式配电箱至流动闸箱之间的距离，最大不应超过 40 m。

（16）配电箱、盘应经常进行巡视和检查，其内容有：开关、熔断器的接点处是否过热变色；配线是否破损；各部连接点是否牢固；各种仪表指示是否正常等，发现缺陷及时处理；此外，还应经常进行清扫除尘工作。

（17）每台电动机均应装设控制和保护设备，不得用一个开关同时控制两台以上的设备。

（18）电焊机的安装使用应按有关安全规定执行。

（19）手持电动工具的使用应按有关安全规定执行。

（20）各种电动工具使用前均应进行严格检查，其电源线不应有破损、老化等现象，其自身附带的开关必须安装牢固，动作灵敏可靠。禁止使用金属丝绑扎开关或有带电体明露。插头、插座应符合相应的国家标准。

（21）施工现场的茶炉、烘炉等使用单相鼓风机时，应采用双极开关控制。当采用单极开关控制时必须断相线，相线应加熔断器。当鼓风机电源线易受损伤时，应采取保护措施。

（22）采用潜水泵排水时，应根据制造厂家规定的安全注意事项操作。当潜水泵运行时，其半径 30 m 水域内不得有人作业。

（23）施工现场消防泵房的电源，必须引自变压器二次总闸或现场电源总闸的外侧，其电源线宜采用暗敷设。

第三节　暂设电气线路的安装和安全规定

（1）施工现场及临时设施的照明灯线路的敷设，除护套缆线外，应分开设置或穿管敷设。

（2）办公室、宿舍的灯，每盏应设开关控制，工作棚、场地可采取分路控制，但应使用双极开关。灯具对地面垂直距离不应低于 2.5m，室外不应低于 3m，路灯的每个灯具应具有单独设熔断器保护。开关、插座严禁装在床上。

（3）灯头与易燃烧物的净具一般不小于 300 mm，聚光灯、碘钨灯等高热灯具与易燃物应保持安全距离，一般不小于 500 mm。

（4）正常湿度时，可选一般的照明灯具；潮湿场所选防水防尘灯具；无爆炸和火灾危险的粉尘场所选防尘灯具；易燃易爆场所应根据危险等级选择相应的防爆灯具；振动场所选防震灯具；腐蚀性场所选防腐灯具；在施工场所的适当位置装设停电应急灯。流动性碘钨灯采用金属支架安装时，支架应稳固，并应采取接地保护或接保护线保护。

（5）局部照明灯、行灯及标灯，供电电压不应超过 36 V，特别潮湿的场所及金属容器、金属管道内工作的照明灯电压，不应超过 12 V；行灯电源线应使用绝缘护套线或橡皮套缆线，不得使用塑料软线。

（6）顶管施工管内照明灯电压一般可采用 36 V，严禁采用 220 V。

（7）顶管棚及顶管工作坑内照明不宜使用碘钨灯，所有 220 V 照明灯电源线不得使用塑料软线，必须使用绝缘护套线或橡皮套缆线。

（8）顶管坑高位、低位灯的电源应接在配电箱总开关外侧。

（9）照明电路中每一单相回路上，灯具和插座数量不应超过 25 个，并装设脱扣电流不超过 15A 的断路器。

（10）相线与中性线截面相等，截面不小于2.5mm铜绝缘导线；钢索配线间距不大于12 m，护套线配线允许直接敷设于钢索上。

（11）金属灯具外壳应接地或接保护线保护，单相照明回路必须装设剩余电流动作保护器；路灯灯口线应做防水弯，镇流器不得安装在易燃结构物上；高温灯具安装高度不低于5 m，灯线应固定在接线柱上，不得靠近灯具。

第十七章
常见安全隐患

第一节　电气常见安全隐患

一、A类隐患——使用淘汰的电气设备

低压开关柜为淘汰产品。该柜带电部分裸露，安全防护性能差，且图片显示低压刀闸操作手柄的分合位置不明，易导致工作人员误判断，造成误操作事故。

二、B类隐患——安装接线不合规范，容易引发各类事故

图17-1显示，导线在设备入口处没有采取保护措施。电源线引入用电设备，在设备入口处与设备金属壳体接触，未穿保护管，天长日久因震动磨损等原因，易造成设备外壳带电，引发触电事故。

图 17-1

三、C 类隐患——电气线路与设备缺乏检修维护，存在事故发生的可能

图 17-2 显示，导线压接螺钉锈蚀严重。

图 17-2

这是某企业低压总配电柜，其 PE 排与 N 排的压接螺钉锈蚀严重，这会影响到导线端子与汇流排的接触质量，从而影响到安全运行。应通过定期巡视维检及时发现此类问题，还要及时查找周围环境湿度过大的原因并加以解决。同时，对于铜质接线端子应做镀锡处理。

附表1   常用图形符号（GB4728）

名　　称	图形符号	名　　称	图形符号
直流	或	闪络、击穿	
接地一般符号		导线间绝缘击穿	
抗干扰接地		导线对机壳绝缘击穿	形式1 形式2
保护接地			
接机壳或接底板	形式1 形式2	永久磁铁	
导线、电缆和母线一般符号		导线的连接	形式1 形式2
三根导线的单线表示	或 ₃	导线的多线连接	形式1 形式2
端子	○		
可拆卸的端子	∅		
电阻器的一般符号	优选形 其他形	电感器、线圈、绕组、扼流圈	
带固定抽头的可变电阻器		带磁芯（铁心）的电感器	

常用图形符号（GB4728）

（续表）

电容器的一般符号	优选形 其他形	磁芯（铁心）有间隙的电感器	
极性电容器	优选形 其他形	有两个抽头的电感器	或
半导体二极管一般符号	优选形 其它形	三极晶体闸流管	优选形 其它形
单向击穿二极管（稳压二极管）	优选形 其它形	反向阻断三级晶体闸流管（阴极侧受控）	优选形 其它形
双向击穿二极管（双向稳压二极管）	优选形 其它形	可关断三极晶体闸流管（阴极侧受控）	优选形 其它形
PNP 型半导体管		光敏电阻	
集电极接管壳的 NPN 型半导体管		光电二极管	
		光电池	

185

（续表）

名称	符号	名称	符号
集电环或换向器上的电刷		星形-三角形联结的三相变压器	形式1 形式2
直流发电机			
直流电动机			
交流发电机		单相变压器组成的三相变压器星形-三角形联结	形式1 形式2
交流电动机			
串励直流电动机			
并励直流电动机		电压互感器	形式1 形式2
他励直流电动机			
单相交流串励电动机			
三相交流串励电动机		具有两个铁心和两个二次绕组的电流互感器	形式1 形式2
单相笼型异步电动机			
三相笼型异步电动机			
三相绕线转子异步电动机			

（续表）

铁心（不引起混淆时可不画）		电抗器、扼流圈一般符号	形式1 形式2
带间隙的铁心			
原电池或蓄电池			
蓄电池组或原电池组 注：注明电压值时允许的画法	形式1 形式2 48V	电流互感器、脉冲变压器	形式1 形式2
动合（常开）触点	形式1 形式2	位置开关和限制开关（动断触点）	
		热敏开关动合触点 注：θ可用动作温度代替	
动断（常闭）触点		三极开关（单线表示）	
先断后合的转换触点		三极开关（多线表示）	
中间断开的双向触点		接触器动合触点 注：在控制电路中可不画半圆	

（续表）

延时闭合的动合（常开）触点	形式1	接触器（动断触点）注：在控制电路中可不画半圆	
	形式2	断路器	
延时断开的动合（常开）触点	形式1	三极断路器	
	形式2	隔离开关	
开关一般符号	形式1	负荷开关	
	形式2	三相电路中二极热继电器的驱动元件	或
动合（常开）按钮			
动断（常闭）按钮		跌开式熔断器	
带动断（常闭）和动合（常开）触点的按钮		火花间隙	
位置开关和限制开关（动合触点）		避雷器	

（续表）

指示仪表 注：星号必须由字 母代替，例如： Hz—频率表 φ—相位表 cosφ—功率 因数表 var—无功功 率表	⊛	电弧炉	
示波器		感应加热炉	
		电解槽或电镀槽	
灯的一般符号	⊗	直流电焊机	
电阻加热装置		交流电焊机	